时间推移地震应用研究

王开燕　主编

黑龙江科学技术出版社

图书在版编目（CIP）数据

时间推移地震应用研究 / 王开燕主编. -- 哈尔滨：黑龙江科学技术出版社, 2021.5
（水文地质灾害防治丛书）
ISBN 978-7-5719-0978-9

Ⅰ. ①时… Ⅱ. ①王… Ⅲ. ①地震勘探－研究 Ⅳ. ①P631.4

中国版本图书馆 CIP 数据核字(2021)第 096314 号

时间推移地震应用研究
SHIJIAN TUIYI DIZHEN YINGYONG YANJIU
王开燕　主编

责任编辑　回　博　赵　萍　宋秋颖　项力福
封面设计　孔　璐
出　　版　黑龙江科学技术出版社
　　　　　地址：哈尔滨市南岗区公安街 70-2 号　邮编：150007
　　　　　电话：（0451）53642106　传真：（0451）53642143
　　　　　网址：www.lkcbs.cn
发　　行　全国新华书店
印　　刷　哈尔滨午阳印刷有限公司
开　　本　787 mm×1092 mm　1/16
印　　张　9
字　　数　120 千字
版　　次　2021 年 5 月第 1 版
印　　次　2021 年 5 月第 1 次印刷
书　　号　ISBN 978-7-5719-0978-9
定　　价　18.00 元

前 言

时间推移地震（time-lapse seismic，TLS）简称时移地震，是指在同一油气田每间隔一定时间重复进行多次（至少为两次）地震观测，然后通过求取两次不同时间观测地震属性的差值，分析由于开采和注入所造成的油气藏内流体运动以及流体成分、饱和度、压力、孔隙度、温度等油气藏特性的变化，进而查明死油区、识别未波及区块，为制定或更新开发方案提供有效依据。这是提高油气采收率的一整套技术。时移地震监测的是储层中流体的流动，只有当储层的综合地震响应在地震分辨率范围内存在差异时，才能有效地应用时移地震技术进行油气藏监测。而时移地震数据采集的时间、环境及方法的不同，将使得地震数据存在非地质因素引起的差异，因此，时移地震数据的一致性和可重复性是油气藏监测成功的关键。时移地震的试验工作始于20世纪80年代初期，但直到90年代才得到空前的发展。时移地震试验最早是针对稠油热采地震监测进行的，直到今天，稠油热采地震监测仍然是时移地震的主要研究内容。尽管注水作为提高原油采收率的一种有效的方法已被应用于世界各大油田，包括我国的大庆、胜利油田等，但鉴于大多数水驱储层的埋深都较大，而注水所引起的地震异常远不如热采地震监测那样明显，再加上重复地震采集、处理技术本身的制约，以及地震资料分辨率、信噪比等多方面因素的影响，使得注水地震监测野外试验工作相对较少。1988年，King等人首次在野外注水地震监测试验中获得了成功，拉开了油气藏注水地震监测的序幕。进入20世纪90年代，注水时移地震监测受到了人们的普遍重视，相关的报道也日渐增多。时移地震技术的运用使地震勘探从静态的构造和储层描述发展到了油气藏动态监测。它把时空概念引入油田开发，给油田生产方式带来了基本观念的转变。经过近30年的发展，其不仅在方法理论与岩石物理实验研究等方面有了长足的进步，而且在地震模拟、资料采集、处理以及解释等方面均有了很大的提高。但可以肯定地说，我国时移地震目前还处于初级阶段。

陆相沉积是中国油气田地质的基本特征。中国也是世界上陆相油气田产油大国，约95%的原油来自陆相油气层。目前，我国陆上绝大部分油田是采用注水开发的，且注水开发油田储量已占总储量的87%。大多数油田已处于多井、多层、多方向见水阶段，油田平均含水已超过80%，含水60%以上的井已占油田总井数的一半以上。特别是大庆和胜利油田，其主力区块平均含水都超过了 90%，而这些区块的产油量均占所在油田总产量的 50% ~ 60%。由于地层的非均质性严重，注水波及范围不均，油水分布经常发生变化。为提高油田采收率，挖潜油田剩余储量，就需确定注水未波及且采出程度低的剩余油富集区，并估算其剩余储量，为油田开发方案的调整提供依据。而时移地震技术在这方面恰恰有其独特的优越性。这就为国内开展时移地震监测技术的研究与应用提供了广阔的空间。

大庆油田通过几十年的勘探与开发，积累了极其丰富的地震资料和油气藏物理资料，如何充分利用已有的资料来挖掘油气资源潜力？如何提高大庆油田的采收率？这不仅是大庆油田面临的首要问题，也是我国有关学者要研究的重要课题。大庆油田储层薄、含水率高，这与国外大多数时移地震监测实例有明显区别，这种薄互层注水开采条件下的时移地震研究在国内外还没有先例，相关的可行性研究也不够深入。因此，开展薄互层油气藏注水地震监测的研究不仅具有重要的理论价值，而且具有深远的现实意义。

参与本书编写的还有王旭、吴更汪、管培鑫、强馨竹、勾泽泽等在读的硕士研究生。王旭、吴更汪和管培鑫参与了第六章第三节、第四节的编写，强馨竹、勾泽泽参与了第六章第五节的编写。

在本书的编写过程中，河南理工大学云美厚教授提供了相关资料，在此表示衷心感谢！

由于编者的水平有限、时间仓促，书中必然存在不少疏漏，敬请读者批评指正。

目 录

第一章　时间推移地震概述

时间推移地震技术作为一门技术，出现绝非偶然。它是石油勘探、开发等客观实际的需要，同时也是地震技术飞速发展的必然结果。

由于全球油气价格的下跌，加上目前发现新油田已变得越来越困难，并且勘探成本也越来越高，特别是边远地区勘探风险更大。因此，世界各主要石油公司在组织上进行调整减员的同时，正在努力降低勘探风险和采油成本。显而易见，降低勘探风险的最佳选择应当是在已经发现石油的地方寻找剩余的油气。

然而，要提高现有油气田的采收率，就必须精确估计剩余油气的位置，有效地监测油气藏内流体的流动，制定合理的开发方案，但目前大多是根据油气藏极少量井孔样点的测量数据来管理油气藏的。为了加强油气藏的管理，提高最终采收率，迫切需要一种新的方法来预测井间油气藏随时间变化而产生的动态变化。与此同时，地震技术的飞速发展使得利用地震技术进行油气藏管理已成为可能。时间推移地震技术就是在这种环境下孕育和发展起来的，它为地震勘探开辟了一个崭新的研究领域。

第一节　时间推移地震的概念

一、时间推移地震的定义

时间推移地震，简称时移地震，是 20 世纪 80 年代初期产生、90 年代得到飞速发展的一种现代化油气藏动态管理方法。它是在一定的时间间隔内对同一块油气藏多次重复进行二维或三维地震测量，然后对不同时间观测的数据进行归一化处理，使那些与油气藏无关的地震响应具有可重复性，保留与油气藏有关的地震响应之间的差异，最后通过对不同时间测量的地震数据之间的地震属性的差异进行对比分析，并综合利用岩石物理学、地质学、油气藏工程资料以及计算机可视化技术等，对油气藏特性随时间的变化规律及时做出快速准确的动态监测和油气藏评价，进而达到调整开发方案、提高油气储量采收率的目的。通常人们将前一基础地震测量，将后一次地震测量称为监测地震测量。监测地震地震剖面之差称为地震差异剖面或地震异常剖面，它是油气藏物性变表现。

时间推移地震的英文是“time-lapse seismic”，简写为“TLS”。目前关于这一来语的译法很多。有人将其译为时间延迟地震（简称时延地震），也有人将其译为延时地震。从意义上讲这些译法并没有多大的不同，但笔者认为有必要将其进行统一，否则名称太多太乱。笔者比较同意“时间推移地震”的译法。因为单从字面理解，“时延”或“延时”均强调了时间的延续性和连续性，而“时移”则表明时间向前推移，这种推移可以是连续的，也可以是跳跃的，比较符合时移地震随时间变化的客观实际。

此外，由于大多数情况下，时移地震都是经过重复多次三维地震测量的，因此，国内外许多学者也将其称为四维地震，这种叫法虽然形象，但并不贴切。确切地说，四维地震只能被视为是时移地震的一个组成部分或子集。此外，还应注意时间推移地震（TLS）与地震油气藏监测两个术语之间的区别。一般来说，凡是在油气藏中利用地震资料进行油气藏动态监测的行为均可称为地震油气藏监测，而时移地震更注重重复地震测量这一特点。因此，时移地震应当是地震油气藏监测的子集。

在现行的油气藏管理中，监测油气藏流体运移的方法仅局限于井筒测量，而井间主要靠内插，远离井筒时精度有限，且有若干限制。而时移地震恰恰可在一定程度上弥补上述不足。

因此，可将时间推移地震定义为：时间推移地震（time-lapse seismic，TLS）简称时移地震，是指在同一油气田每间隔一定时间进行多次（至少为两次）重复地震观测，然后通过求取两次不同时间观测地震属性的差值，分析由于开采和注入所造成的油气藏内流体运动以及流体成分、饱和度、压力、孔隙度、温度等油气藏特性的变化，进而查明死油区、识别未波及区块，为制定或更新开发方案提供有效依据，最终提高油气采收率的一整套技术。

时移地震可应用于油气藏开发的各个时期，但由于时移地震是利用重复测量的差值来监测储层动态变化的，因此，储层变化是否可引起稳固而可信的地震差异以及不同时间测量所获得的地震资料之间的可重复性与一致性是时移地震能否顺利实施的关键。

二、时间推移地震的分类

按观测方式不同，时间推移地震可分为如下几种情形：

（1）时移三维地震，常称四维地震。它是目前较常规的时移地震方法，也是时移地震最先使用的方法。它的成本最高，效果也最好。

（2）时移二维地震，常称重复地震。它是近几年发展起来的方法，其特点是成本低、易实现，效果也较好。

（3）时移垂直地震剖面（vertical seismic profile，VSP）。它是研究井史及井旁油气藏特征变化规律的好方法。目前国外已有三分量及九分量时移 VSP。

（4）井间时移地震。它是利用重复井间地震方法来实现油气藏动态管理的。

三、时间推移地震的主要作用

新油气田，利用时移地震方法可以描绘油藏具体结构和（封闭与漏失）断层的流体流动特征，优化生产设施和复杂油藏流动体系中井径分布设计，还要估算和合理计划下一步油田开采规模和具体技术、措施、施工因素及相应的经济效益等，如地面蒸汽设备的规模、注采方案设计、蒸汽转驱时间等；中期油气田，可通过时移地震方法了解并确定剩余油的分布特点、流体界面、注入流体的渗透边界、油气运移通道规律，调整地面注入流体量及速度方案；老油田，根据注入蒸汽的范围大小及剩余油的分布，利用时移地震方法可以正确估算油田有效开采寿命，帮助开发工作者确定新井布置、何时封井等问题。时移地震的主要作用，概括起来为以下两点：

（1）寻找死油区，确定加密井或扩边井的井位。

（2）监测注入流体（如水、蒸汽、CO_2等）的流动方向和前缘位置，调整开采井和注入井的井位。

第二节　时间推移地震的研究前提

由于注采所造成的地震响应的变化，因油田而异，因储层而不同，只有储层的所有变化的综合效应在给定的地震分辨率范围内存在稳定可信的地震差异时，时移地震才可得到成功的应用。换句话说，时移地震的实施对储层条件、注采方式及地震条件都有不同的要求。

一、储层条件

时移地震并非适用于所有的储层，要进行时移地震监测，油藏本身必须满足特定的条件。

表 1.2.1 给出了各种可能的储层参数，并简要分析了其对时移地震监测的影响。相比之下，低骨架弹性特征是时移地震监测得以实现的第一必要条件，孔隙流体压缩系数的明显差异是时移地震成功的第二必要条件。孔隙流体可压缩性差异较大的几种情况见表 1.2.2。

表 1.2.1　有利于时移地震实施的储层参数分析表（Lumley et al.，1997）

参数		说明
静态参数	埋深	浅层（<1.5 km）比深层（>3 km）有利。浅层岩石固结性差，孔隙度高，孔隙流体变化影响大。且浅层地震资料，分辨率高
	泡点	指特定温度下，溶解气开始汽化的压力，地层压力大于泡点压力时，原油因溶解气含量高，压缩系数大，孔隙流体差异大
	储层厚度	厚度越大越有利，最小厚度应不小于半个地震波长
	岩石	未固结或固结较差，具有连通裂缝或张裂缝，孔隙纵横比较小，粒间接触或弱颗粒连接均有利。高孔隙软砂岩比碳酸盐岩和硬砂岩有利
	上覆地层压力	低上覆地层压力对应于低骨架应力，储层物性参数受流体饱和度和地层压力变化的影响较大
动态参数	孔隙度	孔隙度高（>25%）时，孔隙流体变化相对于岩石骨架变化来说，要比低孔隙（<15%）油藏明显
	渗透率	渗透率决定了流体的流动性。低渗透储层不利于流体的移动，地震特征变化较小，稳定而均匀分布的渗透率较有利于监测
	干岩石体积模量	具有低骨架弹性特征的岩石称为软岩石，其孔隙度一般均较大，孔隙流体变化能引起地震特性的明显变化
	气油比	含高气油比，原油速度、密度较低，孔隙流体差异较大
	流体饱和度	开发初期的饱和度与要监测的饱和度的比越大越好
	流体可压缩性	孔隙流体可压缩性差异越大越好
	温度	温度改变将引起岩石骨架和孔隙流体特性的变化。高温时油比水更易于压缩，对监测更有利
	孔隙流体压力	高孔隙压力可使原油溶解较多的气，使孔隙流体差异增大
	阻抗	显示上述各因素的综合效应，阻抗变化越大越好

表 1.2.2 孔隙流体可压缩性差异较大的情况（Wang，1997）

储层流体	变化	储层流体
液体（油、水）	⟷	气
油/水	⟷	CO_2（液体或气）
活油	⟷	水/淡水
油	⟷	死油
活油	⟷	高矿化度盐水
低温油	⟷	高温油

由此可见，适于时移地震监测的较为理想的油藏条件是：孔隙度要大（>25%），岩石要疏松，埋藏深度要浅，厚度要大，原油的气油比要高，流体饱和度变化要大等。

二、注采方式

尽管储层地震特性的变化与油藏开采过程有关，但并不是所有的采油过程都能进行地震监测。因此，充分认识开采过程与储层地震特性之间的关系，了解采油方式引起油藏特性的变化，对时移地震监测的实施非常重要。

在一次采油过程中，油藏压力下降有时是很明显的，这会使储层岩石骨架应力增大，进而引起岩石速度、密度增加，时移地震应当有能力监测油藏衰竭的过程。

在注水或水驱过程中，如果油是轻油或活油，油与水之间的压缩系数之差较大，有利于时移地震的实施；如果储层孔隙中含的是重油或死油，其与水的压缩系数之差较小，将不利于监测的实施。

在热采（注蒸汽、火烧）过程中，随着储层温度的增加，孔隙流体黏度降低，岩石和孔隙流体的压缩系数增加，从而导致岩石速度、密度明显降低。特别是对于浅层稠油热采，时移地震监测几乎总是可行的。

在溶解气驱和非溶解气驱开采过程中，由于注入流体（CO_2 或气）的可压性远远高于储层流体的可压性，且注入流体使得孔隙流体黏度减小，并驱替了原始孔隙流体，时移地震的监测应当是可行的。

当注入压力和注入速度较高时，可能导致岩石破裂，引起速度的明显改变。特别是当裂隙定向排列时，利用横波分裂可以圈定裂缝发育区。

由此可见，时移地震适用于水驱和溶解气驱，且水驱采油最好是轻油或气，热驱采油应当是重油。在碳酸盐岩地区，时移地震适用于气驱、CO_2 驱、蒸汽驱和溶解气驱储层。

三、地震条件

当油藏特性、注采方式均满足监测条件时，地震资料质量的优劣直接决定了时移地震监测的成败。表 1.2.3 列出了时移地震监测对地震资料的限制条件。

表 1.2.3　时移地震监测得以实施的地震条件（Lumley et al.，1997）

参数	要求
地震成像质量	叠加或偏移信噪比高（>1）；油藏反射成像清晰；油藏振幅可靠且有意义；油藏反射未受多次波和相干噪声污染；油藏反射未被浅层气、静态时移或速度异常弄模糊
地震分辨率	震源主频要高。油藏厚度至少等于半个地震厚度分辨率（分辨率等于 1/4 波长）；若在 4 倍地震分辨率以上最好
地震流体界面	至少应有一个地震流体界面是可见的；若全部界面均可在平面作图为最好
地震可重复性	采用同样的采集设备观测；使用永久性震源和检波器排列装置；按规范标准精确定位；按相同的方向放炮；每次采集都用同样的面元、炮检距和方位角分布
阻抗变化	应当大于 4%（经验法则）
旅行时变化	应当大于 4 个时间采样间隔（经验法则）

在上述地震参数中，地震资料的可重复性是时移地震所面临的主要困难之一。时移地震监测要求不同时间采集和处理的地震资料要有一致性或可重复性。不一致或不重复的部分应当是由油藏引起的真变化，不是采集处理制造出来的假变化。但实际上两次采集很难保证完全一致。地下水位的变化会造成地表条件的不一致，环境的变化会造成环境噪声的不一致，震源形状、瞬时位置或放炮方式的不精确会造成能量分布的不一致，采集仪器的不同会造成不同的仪器噪声和不同的频谱特征，观测系统的差别会导致两个数据体难以比较，等等。所有这些不一致都会造成反演结果之间的差异，可能仅代表噪声而无实际的物理意义。特别是由于技术的进步，新的重复地震不可能与原有的地震采用同样的采集、处理参数。总之，不一致是绝对的，一致是相对的。这就决定了时移地震监测必须在采集、处理上

下大功夫，使得由于各种非地质因素引起的不一致降低到最小的限度。

此外，由于注入和开采而造成的储层差异是否能引起稳定而可信的地震差异是时移地震监测所面临的又一主要困难。地震所观测的是油藏与盖层（或围岩）的波阻抗差异，波阻抗又是密度、速度的乘积。因此，地震反射是速度、密度的函数。由于注采而引起的油藏变化最终都将反映到油藏的地震波速度和密度的改变上，从而引起地震反射特征的变化。只要这一特征变化足够大，地震能观测到，就可以通过时移地震监测油藏流体的改变。这就要求地震资料必须有足够的分辨率、信噪比和较高的保真度。

由此可见，对时移地震资料总的要求是相对振幅保持处理、高信噪比处理和一致性处理，其中一致性处理的难度最大，也最关键。

第三节　时间推移地震的基本研究方法

时移地震的研究方法大体上可分为三个部分，即可行性研究、现场先导试验和油田大规模应用。

一、可行性研究

时移地震应用难度很大，在项目实施前，必须进行技术风险分析，对其实施的可行性进行认真的评价。可行性研究一般包括两个方面的内容：一是时移地震监测的适用性或技术风险评价；二是时移地震监测的经济有效性。前者主要是通过对油藏特性、注采方式和地震资料本身的分辨率、信噪比、可重复性等的分析与评价，以确定所研究的油藏是否适合用时移地震方法进行监测；后者则是对时移地震监测能否在油藏开采中获得良好的回报率的评价，即由于监测提高油藏采收率而获得的效益是否可偿付时移地震监测的费用。只有因监测提高采收率的效益高于地震监测的费用才是经济有效的。目前，关于时移地震监测的技术风险评价一般做得较多，而对于经济有效性的评价做得相对较少。

1. 技术风险评价

从上一节的分析已经知道，时移地震对油藏条件、开采方式和地震资料的质量都提出了相应的要求。因此，进行时移地震技术风险评价就必须从这三个方面入手加以讨论。

表 1.3.1 为时移地震可行性定性评价参数表。该表几乎包括了所有的油藏参数和地震参数，表中“理想值”一栏归纳出定性评价可行性的结论。其中，旅行时变化和阻抗值变化需要通过改变所有预期的饱和度、压力和温度条件，包括油藏开采的影响在内，用地震模型模拟做出预测。

表 1.3.1　时移地震可行性定性评价参数表（Lumley et al.，1997）

参数		理想值	参数		理想值
油藏	深度/m	浅	地震	主频/Hz	高
	上覆岩层压力/MPa	低		分辨率/m	高
	孔隙压力/MPa	高		成像质量（信噪比和保真度）	高
	有效压力/MPa	低		可重复性	高
	泡点/MPa	低		流体界面可视性	高
	温度/℃	高		预测的旅行时变化（样点数）	>4
	单元厚度/m	高		预测的阻抗值变化/%	>4
岩石	干燥岩石体积模量/GPa	低	水	含盐度/10^{-6}	高
	干燥岩石密度/（g/cm^3）	低		密度/（g/cm^3）	高
	孔隙度/%	高		体积模量/GPa	高
	渗透率/mD	高	气	密度/（g/cm^3）	低
原油	气油比/（m^3/t）	高		体积模量/GPa	低
	重度/API	高	时移流体	流体饱和度变化/%	高
	密度/（g/cm^3）	低		流体压缩系数变化/%	高
	体积模量/GPa	低			

为了使时移地震可行性分析定量化，通过对国外时移地震实例的分析，表 1.3.2 和表 1.3.3 选择了油藏参数和地震参数中最关键的参数，并对每个参数制定出评分标准，分数按 0~5 分计算。表 1.3.4 为时移地震技术风险定量评价表。按照表 1.3.2 和表 1.3.3 的评分标准分别计算各项的分值，然后根据各项的总分值的大小来定量评定时移地震的可行性。表 1.3.4 中右端 4 列数据是雪佛龙石油公司在印度尼西亚、墨西哥湾、西非和北海对时移地震项目的定量评价实例。

表 1.3.2　油藏评分标准（Lumley et al.，1997）

分数	5	4	3	2	1	0
干岩石体积模量/GPa	<3	3~5	5~10	10~20	20~30	>30
流体压缩系数变化/%	>250	150~250	100~150	50~100	25~50	0~25
流体饱和度变化/%	>50	40~50	30~40	20~30	10~20	0~10
孔隙度/%	>35	25~35	15~25	10~15	5~10	0~5
阻抗变化/%	>12	8~12	4~8	2~4	1~2	0
旅行时变化（采样点数）	>10	6~10	4~6	2~4	1~2	0

表 1.3.3　地震评分标准（Lumley et al.，1997）

分数	1	1	1	1	1	0
地震成像质量	叠加或偏移信噪比高	油藏反射层反射清晰	油藏振幅可靠、有意义	油藏反射未受多次波或相干噪声污染	油藏反射未被浅层气、静态时移或速度异常弄模糊	条件均不成立
地震可重复性	采集设备相同	永久震源检波器排列	精确定位	放炮方向相同	同样的面元、炮检距和方位角	
分数	5	4	3	2	1	0
地震分辨率	<1/4H	1/4~1/3H	1/3~1/2H	1/2~1H	1~2H	>2H
地震流体界面	全部均可在平面成图	有若干个界面可在平面成图	有一个可在平面成图	有若干个界面可见	至少有一个界面可见	不可视

注: H——油藏厚度；地震分辨率=1/4 波长。

需说明的是，对于给定的采油方式，在阻抗变化与旅行时变化两项中任选一项即可。但当油藏厚度不大时，旅行时变化往往不会太明显，此时可选阻抗变化作为评价参数。

表 1.3.4　时移地震技术风险定量评价表（Lumley et al.，1997）

参数		理想分	实例			
			印尼	墨西哥湾	西非	北海
油藏	干岩石体积模量	5	5	4	3	2
	流体压缩系数变化	5	5	4	3	4
	流体饱和度变化	5	5	5	4	3
	孔隙度	5	5	4	4	3
	阻抗变化	5	5	4	3	3
	油藏总分	25	25	21	17	15

续表

参数		理想分	实例			
			印尼	墨西哥湾	西非	北海
地震	成像质量	5	4	5	4	3
	分辨率	5	5	4	3	1
	流体界面	5	4	4	4	2
	可重复性	5	5	4	4	2
	地震总分	20	18	17	15	8
总分		45	43	38	32	23

在技术风险评价中，油藏条件必须首先获得一个通过分数。一般取通过分数的门限值为满分的 60%。对于表 1.3.4 中 25 分的满分值，通过分数必须超过 15 分。从表 1.3.4 的实例可以看出：印尼获得一个满分（25/25），这是因为它是一个高孔隙未固结的砂岩重油油藏，且采用蒸汽驱采油。墨西哥湾获得一个乐观的分数（21/25），那里的岩石是高孔隙度未完全固结的砂岩，采用水驱采油，活油与重水之间的差异较明显。西非和北海的岩石是含碳酸岩成分高的固结岩石，刚刚满足油藏门限分数。

当油藏条件通过门限分数时，便可进行地震参数评分。地震条件同样也必须通过满分 60%的门限，即对于 20 分的满分，必须超过 12 分。在印尼实例中，由于其在地震采集中使用了固定震源和检波器装置，且采用小药量炸药震源激发和井中检波器接收，最终获得了高达 250 Hz 的高频反射，地震分值接近理想值（18/20）。墨西哥湾使用海底检波器接收，频率高达 100 Hz，且有多个油藏流体界面反射能在平面追踪，因而得到了一个较高的分数（17/20）。西非的例子也通过了门限值。但北海实例因炮线偏差 30 ℃，定位精度低，未能通过地震分数门限（12/20）。

在各项条件评定完成后，需进行综合评价。在上述实例中，印尼的高分表明进行时移地震监测是非常有利的。实际监测完全证明了这一点。墨西哥湾的总分表明，油藏和地震条件也是很有利的。西非实例的油藏条件虽然比理想值要差，但其地震条件还是好的。因此，西非近海时移地震项目仍取得了令人鼓舞的结果。北海项目的地震拖缆采集和深层固结油藏条件对时移地震监测都是不利的，地震表现出的看似有意义的细微变化不易与噪声相区别。

2. 经济有效性评价

由于评价时移地震监测的经济效益是一项非常复杂的活动，所用方法不同，得出的结论可能完全相反，因此应当尽可能简单地考虑这个问题。根据偿付监测成本所需要的额外产量来评价监测的经济有效性也许是一种可行的方法。具体做法概述如下：

首先，核算油藏监测中所有与资料采集处理和解释有关的成本。然后，根据市场原油价格，将所有成本折算为所需原油的额外产量。最后，根据油藏储量计算采出相当于监测费用的额外产量的原油所需提高采收率的最低值，若监测可使得油藏采收率提高的幅度大于偿付监测费用所需的采收率，则监测是经济有效的。技术进步和油价的变化，使得经济有效性评价变得非常复杂，它是时间的动态函数。

经济有效性评价要求在保证监测顺利实施的前提下，使时移地震监测能以最经济合理的方式实现，以便获得最大的经济效益。

二、现场先导试验

将可行性研究中所确定的一整套参数和方法用于油田中具有良好前景的储层，这样既可提供最好的机会来精细地了解时移地震的效果，又可减少资金投入的风险。目前，时移地震监测的成功事例都集中在“现场先导试验”阶段。这一阶段着重进行资料重复性的研究工作，同时还要对地震资料的成像质量、旅行时变化和波阻抗变化进行分析，最终确定合理而有效的时移地震采集、处理和解释方法，为时移地震的大规模应用奠定基础或提供指导。

三、油田大规模应用

将现场先导试验所获得的一整套有效参数和方法应用于整个油田，这样无论从技术观点出发还是从经济观点出发，其成功的可能性都大大增加了。一方面，先导试验为其降低技术风险提供了保障；另一方面，时移地震的大规模应用使得监测费用可以均摊在整个油田生产期，从而使得监测成本相对地减少了。

由于时移地震是为油藏管理服务的，而油藏是处于动态的，所以时移地震必须对新的信息有快速分析和响应的能力。也就是说，时移地震必须具有快速采集、处理和解释的能力，慢了就没有任何用途了。时移地震需要处理大量的地球物理的、地质的和油藏工程的数据，因此，在油田大规模运用时，必须有一套与之相适应的处理软件系统，同时还要有地球物理学家、地质学家和油藏工程师的密切配合。另外，时移地震要求采用可视化技术，以实现解释结果的可视化。

第四节　时间推移地震的现状与发展前景

时间推移地震的试验工作最早可追溯到 20 世纪 80 年代初期，但“时间推移地震”这一术语却是近几年才出现的。为了监测注气开采的效果，ARCO 公司于 1983 年首次实施了时移地震勘探项目（Greaves and Fulp，1987； Greaves et al.，1983）；Pulin 等（1987）对加拿大 Athabasca 沥青砂岩油藏进行了时移地震监测注气效果的先导试验工作；Mishr（1988）对印度北坝贝盆地进行了时移地震试验以提高油田的采收率；King 等（1988）通过野外试验证实了注水地面地震监测的可能。与此同时，在时移地震理论研究方面也取得了较大的进展。White（1992）在其专著《开发地震学》中对开发地震技术和方法进行了系统的总结，并初步建立了开发地震学的理论框架；布尔贝（1987）在其专著《孔隙介质声学》中对多孔隙介质中波的传播理论进行了深入研究，进一步丰富了开发地震学的理论；Sheriff（1992）主编了《储层地球物理学》，书中详细介绍了储层地球物理的研究方法及发展现状；在 20 世纪 80 年代中后期和 90 年代初期，Nur 和 Wang Jingzhi（1992）做了大量岩石物理性质的实验研究，为时移地震的发展奠定了岩石物理实验的理论基础。

进入 20 世纪 90 年代，特别是 90 年代后期，时移地震得到了空前的发展。世界上大多数石油公司相继开展了时移地震试验工作。截止到 1997 年 10 月，全世界时移地震工程共 56 个（Anderson，1997；Jack，1998，等）。仅 1997 年全球用于时移地震的费用就达到 5 亿美元，占当年地震勘探费用的 1/7。2005 年，全球时移地震的相关费用达到约 35 亿美元。1997 年，SEG 年会上发表的时移地震研究论文达到 18 篇。1998 年，北京 CPS/SE G/EAGE 国际地球物理研讨会上有关开发地震的论文达到 25 篇。同年，SEG 在其主要刊物 *The Leading Edge* 第 4 期刊出了开发地震专辑，在第 10 期刊出了时移地震的论文专辑，该专辑在一定程度上反映了当时时移地震的研究现状和水平。近年来，时移地震已成为历届 SEG 年会关注的重点之一。这些充分说明了时移地震的广阔发展前景。

国内的时移地震研究起步较晚，胜利油田于 1988 年首次在单家寺地区进行了蒸汽吞吐与蒸汽驱稠油热采地震监测试验。之后，新疆石油管理局以及辽河油田也分别进行了部分稠油热采时移地震监测试验。与此同时，许多专家学者对时移地震的理论方法进行了不同程度的研究。在岩石物理实验方面，由国家自然科学基金资助的“八五”重大项目“陆相薄互层油储地球物理理论与方法”率先对大庆油田进行了储层条件下油储岩石物性的测量与研究。之后，许多人分别对胜利油田、塔里木盆地、济阳坳陷、准噶尔盆地等不同地区、不同种类的岩石进行了不同程度的岩石物理实验研究。

尽管时移地震得到了迅速的发展，但由于各方面条件的限制，与稠油热采地震监测相比，注水地震监测的野外试验工作相对较少。事实上，直到 20 世纪 90 年代后期，注水地震监测才逐渐得到了各石油公司的重视，相应的研究报道也逐渐增多了（Biondi et al., 1998; Johonston et al., 1998; Huang et al., 1998; Weathers et al., 1998）。国内专门针对注水地震监测的研究很少，林蓉辉（1994）与 Nur（1989）以及 Nur 和 Li Fang（1994）首先提到了在大庆油田和胜利油田开展注水地震监测的重要性。云美厚等（1997，1998，1999）借助 Gassmann 方程，对含不同油气比原油的高孔隙储层注水地震监测的可行性进行了理论模拟分析，之后又对薄互层油藏注水地震监测的可行性进行了初步的研究。庄东海（1999）也进行了部分注水地震监测的模型模拟研究工作。

就总体研究水平来看，时移地震尚处于初级阶段，各方面的技术尚未完全成熟。特别是对注水地震监测而言，目前主要是进行模拟分析与资料处理和解释方法研究。从时移地震的应用情况来看，海上应用较多，而且集中在北海和墨西哥湾，陆上应用较少。稠油热采监测较多，注水监测较少。这主要是由于海上资料的信噪比高、噪声小，加上油质好，经济效益也高。从应用效果来看，油田的采收率通过二维地震勘探可达到 20%~30%，三维地震的应用又使油气的采收率提高到了 40%~50%。

虽然我国在少数油田的少量试验区内所进行的探索性时移地震监测工作获得了较好的结果，但目前尚未得到石油开发界的充分关注。这是由于我国绝大多数油藏为陆相砂岩油藏，单层厚度较薄，而且相当一部分油田埋深较大（3 000 m 以上），断层多，断块小，常规地震资料的分辨率目前仍有限，再加上陆上油田开发井距较密等客观因素的影响，使得时移地震的效益难以得到充分的展现。但随着我国石油工业改革的进一步深入，以效益为中心的一些开发技术（如稀井高产采油等）将被广泛采用，到那时时移地震将有广阔的用武之地。

第二章　时间推移地震研究的理论基础

在稠油热采及油藏注水开发过程中，储层流体变化所引起的地震反射波特性（如反射时间、振幅、频率、相位以及地震波的吸收衰减等）的变化是储层岩石弹性性质（如速度、密度、弹性模量以及波阻抗等）变化的反映。为此，要进行注入液（水、热蒸汽等）动态地震监测，就必须明确在油藏注入液（水、热蒸汽等）的开发过程中，油藏参数（孔隙度、渗透率、饱和度和压力、温度、流体分布等）的变化是如何影响储层岩石的弹性的、其物理机制是怎样的、如何才能实现油藏参数与地震参数的转换即地震正演模拟。

时移地震是通过岩石物理学这一桥梁把地震和油藏工程连接在一起的，因此，岩石物理学是时移地震研究的理论基础，自然也是注入液（水、热蒸汽等）地震监测的基础。到目前为止，以揭示岩石物理机制为目的的岩石物理实验研究，以及揭示地震波在孔隙性岩石中传播特性的理论研究都取得了较大的进展。可以用来描述孔隙流体对岩石密度和地震速度的影响的数学模型很多（如 Gassmann，1951；Biot，1956 Ⅰ，Ⅱ；Kuster and Toksöz，1974； Mavko and Jizba，1991；等等），但在时移地震储层正演模拟中应用比较广泛的是 Gassmann 理论和 Biot 双相介质理论。因此，本章将简要叙述 Gassmann 理论和 Biot 双相介质理论，同时引入一个新的数学模型——谐振 Q 模型来描述地震波的衰减，并给出其特征参数的计算方法。在此基础上，将给出常用油藏参数与地震参数的转换方法，并就注水开发对岩石地震特性的影响进行讨论，最后，将给出孔隙流体地震特性的计算方法和干岩石弹性模量的统计分析结果。

第一节　Gassmann 理论及其扩展

地下介质是由充满流体的多孔骨架组成的，通常人们也将其固体骨架部分称为基质。如果地下介质的组分（如粒度、孔隙、裂隙和成层性）与有意义的地震波长相比很小，那么，地下介质就可以有效等价为均匀介质或均匀各向同性介质。

1951 年，Gassmann 在流体和固体之间的任何相对运动与饱和岩层自身的运动相比可以忽略不计的假设条件下，推导出了孔隙岩层充满流体的弹性模量公式，奠定了近代沉积岩的弹性理论与物性之间的研究基础。其假设条件在低频时，从直观上看是正确的。1965 年，White 将 Gassmann 公式做了适当变换，得到了具有液体、气体影响的纵波速度表达式。1956 年，Biot 发表了关于波在流体饱和孔隙介质中传播理论的两篇重要论文（Biot，1956 Ⅰ，Ⅱ），形成了“Biot 理论”。之后包括 Biot 在内的许多研究者又进一步发展了这一理论（Geertsma and Smit，1961，等等）。可以说，Biot 理论是对 Gassmann 理论的推广。它考虑了连通孔隙的动态影响，并在模型中引入了流体黏滞系数和渗透率。

一、Gassmann 方程

假定岩石处于一个封闭系统，且岩石骨架是由单一固体介质组成，并且是均匀各向同性的，当岩石被流体饱和时，假定流体饱和岩石的剪切模量与岩石空骨架的剪切模量相同，Gassmann（1951）从基本弹性性质出发导出了如下方程

$$K = K_m \frac{K_b + Q}{K_m + Q}; \qquad Q = K_f \cdot \frac{K_m \quad K_b}{\phi(K_m \quad K_f)} \tag{2.1.1}$$

式中，K_m 为岩石基质体积模量；K_b 为干岩石（空孔隙）体积模量；K_f 为岩石孔隙内流体的体积模量；ϕ为孔隙度。该式即为著名的 Gassmann 方程。1965 年，White 又将其改写为如下公式

$$K = K_b + \frac{\left(1 - \frac{K_b}{K_m}\right)^2}{\frac{\phi}{K_f} + \frac{1-\phi}{K_m} - \frac{K_b}{K_m^{\ 2}}} \tag{2.1.2}$$

上式表明流体饱和岩石的体积模量等于干岩石的体积模量加上取决于流体、固体和骨架的体积模量项。进一步由 $M=K+4\mu/3$ 可将压缩波和剪切波的速度 V_p、V_s 分别表示为

$$V_p = \sqrt{\frac{M}{\rho}} \qquad V_s = \sqrt{\frac{\mu}{\rho}} \tag{2.1.3}$$

式中，μ为剪切模量，ρ为流体饱和岩石的密度。其可用流体密度ρ_f 和岩石基质密度ρ_m 表示为

$$\rho = \phi \rho_f + (1-\phi)\rho_m \tag{2.1.4}$$

这里ρ_f可以是单相流体的密度，也可以是流体混合物的密度。流体混合物的密度可以通过体积分数 c_i 加权流体密度分量ρ_i的算术平均值求得，即

$$\rho_f = \sum_{i=1}^{N} c_i \rho_i \qquad (2.1.5)$$

由上式不难看出，对于油或气饱和的岩石，当孔隙度很小时，即使用水全部驱替岩石中的油或气，也不会对岩石的密度造成较大的影响。此外，从式（2.1.1）、（2.1.2）、（2.1.3）可以看到，如果干岩石的体积模量比孔隙流体体积模量大得多，则孔隙流体对岩石总体模量的贡献很小，所引起的速度变化也很小。反之，如果干岩石的体积模量与孔隙流体体积模量近似相当，则孔隙流体对岩石速度的影响就大得多。而干岩石的体积模量是孔隙度的反函数，孔隙度高，干岩石的体积模量就小，这也正好说明了为什么浅层未固结高孔隙储层易于实现时移地震监测。

二、Biot 理论

Gassmann 模型适用于低频，且不用考虑黏滞流体的影响，即 Biot（1956）的理论是 Gassmann（1951）理论的扩展。Biot 考虑了流体的黏性，并考虑了孔隙流体相对岩石骨架能移动的事实，并且定义了“Biot”频率以区分高频与低频。Biot 理论描述了三种体波：快纵波、横波以及慢纵波。Biot 首先提出波在饱和流体多孔介质中的传播，在低频情况下极限速度与 Gassmann 方程计算出的相同。

Biot 理论要用 Gassmann 理论相同的参数来描述固体和流体。同时 Biot 理论模型中还增加了流体黏滞系数η和渗透率 k 两个参数。Biot 认为孔隙流体可以相对于固体流动，并引起黏滞摩擦损耗。根据 Biot 理论，流体饱和各向同性弹性固体内膨胀波（即纵波）方程为

$$\left.\begin{aligned} \nabla^2(Pe+S\varepsilon) &= \frac{\partial^2}{\partial t^2}(\rho_{11}e+\rho_{12}\varepsilon)+b\frac{\partial}{\partial t}(e-\varepsilon) \\ \nabla^2(Se+R\varepsilon) &= \frac{\partial^2}{\partial t^2}(\rho_{12}e+\rho_{22}\varepsilon)-b\frac{\partial}{\partial t}(e-\varepsilon) \end{aligned}\right\} \qquad (2.1.6)$$

旋转波（即剪切波或横波）方程为

$$\left.\begin{aligned} \frac{\partial^2}{\partial t^2}(\rho_{11}x+\rho_{12}\Omega)+b\frac{\partial}{\partial t}(x-\Omega) &= \mu\nabla^2\omega \\ \frac{\partial^2}{\partial t^2}(\rho_{12}x+\rho_{22}\Omega)+b\frac{\partial}{\partial t}(x-\Omega) &= 0 \end{aligned}\right\} \qquad (2.1.7)$$

式中，e 代表固体之绝对膨胀；ε 代表流体之绝对膨胀；x 代表固体的旋转；Ω 代表流体的旋转。P、R、μ 为弹性常数；系数 b 与 Darcy 渗透率 k 和流体黏度及孔隙度 ϕ 有关，即

$$b=\eta\phi^2/k \tag{2.1.8}$$

系数 ρ_{11}、ρ_{12} 与 ρ_{22} 是考虑到通过孔隙的相对流体流动具有不均匀性时的质量系数。其中，ρ_{12} 代表流体与固体之间的质量耦合参量；ρ_{11} 代表在流体内运动着的固体之总有效质量；ρ_{22} 代表运动流体的总有效质量；且有

$$\rho=\rho_{11}+2\rho_{12}+\rho_{22}=\rho_1+\rho_2 \tag{2.1.9}$$

$$\rho_1=\rho_{11}+\rho_{12}=(1-\phi)\rho_m \tag{2.1.10}$$

$$\rho_2=\rho_{12}+\rho_{22}=\phi\rho_f \tag{2.1.11}$$

式中，ρ 为流体与固体集合体每单位体积的总质量；ρ_1 为集合体每单位体积固体的质量；ρ_2 为集合体每单位体积流体的质量；ρ_m 为固体骨架的密度；ρ_f 为孔隙流体的密度。

波动方程（2.1.6）和（2.1.7）成立的条件是：波长必须明显大于构成孔隙结构之颗粒的最大尺度，而且必须按照流体流经多孔隙介质时的 Darcy 定律发生流体与固体骨架之间的相对运动。同时假定能量耗散所形成的温度变化影响可以忽略不计。当忽略孔隙流体的黏滞性，认为流体是一种不可压缩的理想流体时，波动方程（2.1.6）和（2.1.7）将变为如下无损耗、纯弹性纵波和横波波动方程

$$\left.\begin{aligned}\nabla^2(Pe+Q\varepsilon)&=\frac{\partial^2}{\partial t^2}(\rho_{11}e+\rho_{12}\varepsilon)\\ \nabla^2(Qe+R\varepsilon)&=\frac{\partial^2}{\partial t^2}(\rho_{12}e+\rho_{22}\varepsilon)\end{aligned}\right\} \tag{2.1.12}$$

$$\begin{aligned}&\frac{\partial^2}{\partial t^2}(\rho_{11}x+\rho_{12}\Omega)=\mu\nabla^2x\\ &\frac{\partial^2}{\partial t^2}(\rho_{12}x+\rho_{22}\Omega)=0\end{aligned} \tag{2.1.13}$$

为了求取波动方程（2.1.6）和（2.1.7）的解，下面我们从求解纯弹性波波动方程（2.1.12）和（2.1.13）的解出发，给出一种简单的求解方法。首先，考虑由

式（2.1.13）表示的横波在方程中消去Ω，得

$$\mu\Delta^2 = \rho_{11}(1-\frac{\rho_{12}^2}{\rho_{12}\rho_{22}})\frac{\partial^2 x}{\partial t^2} \tag{2.1.14}$$

显然，除密度不同外，上式与弹性固体介质中横波的波动方程完全一致。这说明只有一种类型的横波，而且流体的存在主要是通过改变岩石密度来影响横波的，因而其对横波的影响很小。横波传播速度可由下式给出

$$v_s^2 = \frac{\mu\rho_{22}}{\rho_{11}\rho_{22} - \rho_{12}^2} \tag{2.1.15}$$

现在来考虑由式（2.1.12）表示的纵波。对于平面波，令

$$\begin{aligned} e &= C_1\exp[i(\omega t - lx)] \\ e &= C_2\exp[i(\omega t - lx)] \end{aligned} \tag{2.1.16}$$

将其代入式（2.1.12），消去常数C_1和C_2得

$$(PR - S^2)\frac{l^4}{\omega^4} - (R\rho_{11} + P\rho_{22} - 2S\rho_{12})\frac{l^2}{\omega^2} + \rho_{11}\rho_{22} - \rho_{12}^2 = 0 \tag{2.1.17}$$

将$z = l^2/\omega^2$代入上式，求解得到两个近似解z_1和z_2，

$$z_1 \approx \frac{\rho_{11}\rho_{22} \quad \rho_{12}^2}{R\rho_{11} + P\rho_{22} \quad 2S\rho_{12}} \tag{2.1.18}$$

$$z_2 \approx \frac{R\rho_{11} + P\rho_{22} \quad 2S\rho_{12}}{PR \quad S^2} \tag{2.1.19}$$

这说明存在两种类型的纵波。z_1相应于第一类纵波，其相速度v_1可由下式给出

$$v_1^2 = \frac{1}{z_1} \approx \frac{R\rho_{11} + P\rho_{22} - 2S\rho_{12}}{\rho_{11}\rho_{22} - \rho_{12}^2} \tag{2.1.20}$$

z_2相应于第二类纵波，其相速度v_2可由下式给出

$$v_2^2 = \frac{1}{z_2} \approx \frac{PR - S^2}{R\rho_{11} + P\rho_{22} - 2S\rho_{12}} \tag{2.1.21}$$

下面来求取有损耗情形下，由波动方程（2.1.6）和（2.1.7）表示的衰减波的解。对于平面波情形，利用式（2.1.16）可将式（2.1.6）改写为如下形式

$$
\left.\begin{aligned}
\nabla^2(Pe+S\varepsilon) &= \frac{\partial^2}{\partial t^2}\left[\left(\rho_{11} \quad i\frac{b}{\omega}\right)e+\left(\rho_{12}+i\frac{b}{\omega}\right)\varepsilon\right] \\
\nabla^2(Se+R\varepsilon) &= \frac{\partial^2}{\partial t^2}\left[\left(\rho_{12}+i\frac{b}{\omega}\right)e+\left(\rho_{22} \quad i\frac{b}{\omega}\right)\varepsilon\right]
\end{aligned}\right\} \qquad (2.1.22)
$$

令

$$
\rho_{11}^* = \rho_{11} - i\frac{b}{\omega}, \quad \rho_{22}^* = \rho_{22} - i\frac{b}{\omega}, \quad \rho_{12}^* = \rho_{12} + i\frac{b}{\omega} \qquad (2.1.23)
$$

新的ρ^*_{11}、ρ^*_{22}与ρ^*_{12}同样满足式（2.1.9）～（2.1.11）式。将其代入式（2.1.22），有

$$
\left.\begin{aligned}
\nabla^2(Pe+S\varepsilon) &= \frac{\partial^2}{\partial t^2}(\rho_{11}^* e+\rho_{12}^*\varepsilon) \\
\nabla^2(Se+R\varepsilon) &= \frac{\partial^2}{\partial t^2}(\rho_{12}^* e+\rho_{22}^*\varepsilon)
\end{aligned}\right\} \qquad (2.1.24)
$$

同理，对于平面波情形，利用式（2.1.23）和式（2.1.7）可得改写后的横波方程为

$$
\left.\begin{aligned}
\frac{\partial^2}{\partial t^2}(\rho_{11}^* + \rho_{12}^*\Omega) &= \mu\nabla^2\omega \\
\frac{\partial^2}{\partial t^2}(\rho_{12}^* x + \rho_{22}^*\Omega) &= 0
\end{aligned}\right\} \qquad (2.1.25)
$$

显然，上二式与纯弹性波波动方程（2.1.12）和（2.1.13）是完全一致的。这样一来，只要将ρ_{11}、ρ_{22}、ρ_{12}分别用ρ^*_{11}、ρ^*_{22}、ρ^*_{12}替换便可直接利用纯弹性波波动方程的解得到衰减波的近似解。这说明在有损耗的介质中，同样存在两类纵波和一类横波。两类纵波中，一类与地震勘探中的纵波相同，被称为快速纵波或快纵波；另一类则是一种扩散波。因其随离开震源距离的增加而迅速衰减，所以被称为慢速纵波或慢纵波。这一类纵波主要出现在各种介质的分界面附近，包括各种不同流体饱和固体之间的分界面以及流体和流体饱和多孔介质之间的任何分界面。1980 年，Plona 在实验室中观测到了这种慢纵波，从而证明了 Biot 理论的正确性。

考虑到地震勘探中通常只研究第一类波，因此下面仅讨论第一类波的传播特性。将式（2.1.23）代入式（2.1.18）可得

$$Z_1 = \frac{l^2}{\omega^2} \approx \frac{\rho_{11}\rho_{22} - \rho_{12}^2 - i\frac{b}{\omega}\rho}{R\rho_{11} + P\rho_{22} - 2S\rho_{12} - i\frac{b}{\omega}H} = Z_{1R} + iZ_{1I} \tag{2.1.26}$$

式中，$H = P + R + 2S$。

进一步，假定介质的品质因素 Q>5 时，可求得损耗因子 Q^{-1} 与纵波速度 V_p 的近似表达式，如下

$$\frac{1}{Q} \approx -\frac{Z_{1I}}{Z_{1R}} = \frac{\frac{b}{\omega}[H(\rho_{11}\rho_{22} - \rho_{12}^2) - \rho(R\rho_{11} + P\rho_{22} - 2S\rho_{12})]}{(\rho_{11}\rho_{22} - \rho_{12}^2)(R\rho_{11} + P\rho_{22} - 2S\rho_{12}) + \left(\frac{b}{\omega}\right)^2 \rho H} \tag{2.1.27}$$

$$V_p^2 \approx \frac{1}{Z_{1R}} = \frac{(R\rho_{11} + P\rho_{22} - 2S\rho_{12})^2 + \left(\frac{b}{\omega}\right)^2 H^2}{(\rho_{11}\rho_{22} - \rho_{12}^2)(R\rho_{11} + P\rho_{22} - 2S\rho_{12}) + \left(\frac{b}{\omega}\right)^2 \rho H} \tag{2.1.28}$$

由式（2.1.28）可见，在$\omega \to 0$ 情形下，有

$$V_p^2 = V_{10}^2 = H/\rho \tag{2.1.29}$$

而在$\omega \to \infty$ 时，有

$$V_p^2 = V_{1\infty}^2 = \frac{R\rho_{11} + P\rho_{22} - 2S\rho_{12}}{\rho_{11}\rho_{22} - \rho_{12}^2} \tag{2.1.30}$$

不难看出，上式与由式（2.1.18）所描述的无损耗介质内第一类纵波的速度是一致的。进一步利用式（2.1.29）、（2.1.30）可将式（2.1.27）、（2.1.28）改写成下式

$$\frac{1}{Q} \approx \frac{(V_{1\infty}^2 - V_{10}^2)\left(\frac{\omega_b}{A\omega}\right)}{V_{1\infty}^2 + V_{10}^2\left(\frac{\omega_b}{A\omega}\right)^2} = \frac{\frac{V_{1\infty}^2}{V_{10}^2} - 1}{\left(\frac{\omega_b}{A\omega}\right) + \left(\frac{\omega A}{\omega_b}\right)\frac{V_{1\infty}^2}{V_{10}^2}} \tag{2.1.31}$$

$$V_p^2 \approx \frac{V_{1\infty}^4 + V_{10}^4\left(\frac{\omega_b}{A\omega}\right)^2}{V_{1\infty}^2 + V_{10}^2\left(\frac{\omega_b}{A\omega}\right)^2} \tag{2.1.32}$$

式中，

$$A = \frac{\rho_{11}\rho_{22} - \rho_{12}^2}{\rho_2\rho} = c - \frac{\rho_2}{\rho}, \qquad \omega_b = \frac{b}{\rho_2} = \frac{\eta\phi^2}{k\rho_2} = \frac{\eta\phi}{k\rho_f} \tag{2.1.33}$$

这里，$c=\rho_{22}/\rho_2$，为质量耦合系数（Domenico，1976），且 c=1 为不耦合；c=∞为完全耦合。ω_b 称为 Biot 特征频率，也是由“低”频域跃迁到“高”频域的“临界频率”。

上二式与 Geertsma 和 Smit（1961）所给出的近似解是完全一致的，但其特征频率 ω_b 和参数 A 的定义与本书的式（2.1.33）是不同的。

同理，由式（2.1.15）和式（2.1.23）很容易写出衰减横波波动方程的解

$$Z_s=\frac{l^2}{\omega^2}=\frac{1}{\mu}\cdot\frac{\rho_{11}\rho_{22}-\rho_{12}^2-i\dfrac{b}{\omega}\rho}{\rho_{22}-i\dfrac{b}{\omega}}=Z_{sR}+iZ_{sI} \tag{2.1.34}$$

进一步得到横波的速度 V_s 与损耗因子 Q_s^{-1} 的近似表达式如下

$$V_s^2\approx\frac{1}{Z_{sR}}=\frac{N\rho_{22}^2+N\left(\dfrac{b}{\omega}\right)^2}{\rho_{22}(\rho_{11}\rho_{22}-\rho_{12}^2)+\rho\left(\dfrac{b}{\omega}\right)^2}=\frac{V_{s\infty}^4+V_{s0}^4\left(\dfrac{\omega_b}{A\omega}\right)^2}{V_{s\infty}^2+V_{s0}^2\left(\dfrac{\omega_b}{A\omega}\right)^2} \tag{2.1.35}$$

$$\frac{1}{Q_s}\approx-\frac{Z_{sI}}{Z_{sR}}=\frac{[\rho\rho_{22}-(\rho_{11}\rho_{22}-\rho_{12}^2)]\dfrac{b}{\omega}}{\rho_{22}(\rho_{11}\rho_{22}-\rho_{12}^2)+\rho\left(\dfrac{b}{\omega}\right)^2}=\frac{(V_{s\infty}^2-V_{s0}^2)\left(\dfrac{\omega_b}{A\omega}\right)}{V_{s\infty}^2+V_{s0}^2\left(\dfrac{\omega_b}{A\omega}\right)^2} \tag{2.1.36}$$

式中，$V_{s0}^2=\mu/\rho$，$V_{s\infty}^2=\mu\rho_{22}/(\rho_{11}\rho_{22}-\rho_{12}^2)$ 分别表示零频率和无限大频率时的横波速度。显然，后者与无损耗介质中横波的速度计算式（2.1.16）也是完全一致的。

式（2.1.31）、（2.1.32）及式（2.1.35）、（2.1.36）式表明：只要所涉及的是第一类波，则流体饱和多孔介质的性态就非常类似于一个 Maxwell 基本单元，或者说类似一个标准黏弹性固体。同时，也可以看到零频率、无穷大频率与两种无黏滞吸收的理想情形相对应。零频率速度近似于理想弹性固体（单相介质）内纵横波的传播速度，而无穷大频率的速度则相当于非黏滞流体饱和的弹性固体（双相介质）内纵横波的传播速度。此外，具有不同黏滞性的孔隙流体，对不同频率波的衰减影响也各不相同。特征频率 ω_b 将流体饱和多孔隙岩石的弹性性质分为“低”频域和“高”频域两个区段。在低频范围（$\omega<<\omega_b$）内，孔隙流体的相对运动受流体黏滞性阻碍控制；在高频范围（$\omega>>\omega_b$）内，孔隙流体的相对运动主要受

其惯性的影响。由于地震勘探的频带属于低频范围，且慢纵波在低频时衰减速度异常快，所以在地震频带内一般接收不到慢纵波。

尽管由 Biot 理论很容易获得第一类纵波速度的正确解，但对于任何实际应用却并不适用。为此，Geertsma 和 Smit（1961）依据压缩系数关系，将描述 Biot 流体饱和多孔隙系统的形变性质的弹性参数 P、R、S 均用孔隙系统熟知的性质，即孔隙率、压缩系数（或体积模量）等来表示，有

$$H = P + 2S + R = \beta K_m + \frac{4}{3}\mu + \frac{(1-\beta)^2}{(1-\phi-\beta)/K_m + \phi/K_f} \tag{2.1.37}$$

$$K = (S+R)/\phi = \frac{1-\beta}{(1-\phi-\beta)/K_m + \phi/K_f} \tag{2.1.38}$$

$$L = R/\phi^2 = \frac{1}{(1-\phi-\beta)/K_m + \phi/K_f} \tag{2.1.39}$$

$$\beta = K_b/K_m \tag{2.1.40}$$

式中，K_b、K_m 分别为岩石骨架和干岩石的体积模量，μ 为岩石的剪切模量。

利用上面各式并结合质量耦合系数 c 的定义，可将零频率和无穷大频率饱和流体岩石的纵波速度计算公式（2.1.29）和（2.1.30）改写为下式

$$V_{10}^2 = \frac{1}{\rho}\left(K_b + \frac{4}{3}\mu + \frac{(1-\beta)^2}{(1-\phi-\beta)/K_m + \phi/K_f}\right) \tag{2.1.41}$$

$$V_{1\infty}^2 = \frac{1}{\rho(1-\rho_f\phi/c\rho)}\left(K_b + \frac{4}{3}\mu + \frac{\rho\phi/c\rho_f + (1-\beta)(1-\beta-2\phi/c)}{(1-\phi-\beta)/K_m + \phi/K_f}\right) \tag{2.1.42}$$

相应的横波速度计算公式如下

$$V_{s0} = \sqrt{\frac{\mu}{\rho}} \tag{2.1.43}$$

$$V_{s\infty}^2 = \frac{\mu}{\rho - \frac{\rho_f\phi}{c}} \tag{2.1.44}$$

对于流体混合物，相应体积模量 Kf 的倒数可以通过各流体组分体积分数 c_i 加权流体体积模量 K_i 的倒数的算术平均值得到

$$\frac{1}{K_f}=\sum_{i=1}^{N}\frac{c_i}{K_i} \tag{2.1.45}$$

显然，式（2.1.41）与著名的 Gassmann 公式是一致的，也就是说，Gassmann 公式与流体饱和第一类波的零频率近似。也相当于 Biot 高频方程式（2.1.42），当孔隙流体与岩石之间严密耦合，即 $c\rightarrow\infty$ 时的一个特例。所谓严密耦合，是指流体与固体之间无相对运动，因而也就无衰减存在。因为 Biot 理论的核心认为波的衰减是由于流体相对于固体的运动引起的。目前，地震勘探频率（主频）相对较低，因此，可按零频率情况考虑使用 Gassmann 方程式。如果采用高频勘探（主频 100 Hz 以上），则采用 Biot-Geertsma 公式，即式（2.1.42）可能会起到积极作用。

三、BISQ 模型

针对 Biot 理论的缺陷，Dvorkin 和 Nur（1996）统一了 Biot 机制与 Squirt 机制，提出了 BISQ 模型，该模型将岩石的渗透率、孔隙度和弹性参数以及流体的饱和度、黏滞系数和特征喷射参数与双相介质中三类体波的相速度和能量衰减、频散联系在一起。BISQ 给出零频率速度极限为

$$V_{P0}=\sqrt{M_{\text{dry}}/p} \tag{2.1.46}$$

BISQ 给出的高频速度极限与 Biot 理论相同。

在视完全饱和条件下，BISQ 给出下列纵波速度（V_p）、衰减系数（α_p）和逆质量因子（Q_p^{-1}）的表达式

$$V_p=\frac{1}{Re(\sqrt{Y})} \tag{2.1.47}$$

$$\alpha_p=\omega Im(\sqrt{Y}) \tag{2.1.48}$$

$$Q_p^{-1}=\frac{2\alpha_p V_p}{\omega} \tag{2.1.49}$$

$$Y=-\frac{B}{2A}-\sqrt{(\frac{B}{2A})^2-\frac{C}{A}} \tag{2.1.50}$$

$$A=\frac{\phi F_{\text{sq}}M_{\text{dry}}}{\rho_2^2} \tag{2.1.51}$$

$$B = [F_{sq}(2r-\phi-\phi\frac{\rho_1}{\rho_2}) \quad (M_{dry}+F_{sq}\frac{r^2}{\phi})(1+\frac{\rho_a}{\rho_2}+i\frac{\omega_c}{\omega})]/\rho_2 \tag{2.1.52}$$

$$C = \frac{\rho_1}{\rho_2}+(1+\frac{\rho_1}{\rho_2})(\frac{\rho_a}{\rho_2}+i\frac{\omega_c}{\omega}) \tag{2.1.53}$$

式中：$F_{sq}=F[1-\frac{2J_1(\lambda R)}{\lambda R J_0(\lambda R)}]$，其中的 J_0 和 J_1 分别是零阶和一阶贝塞尔函数；$\lambda^2=\frac{\rho_{fl}\omega^2}{F}(\frac{\phi+\rho_a/\rho_{fl}}{\phi}+i\frac{\omega_c}{\omega})$；$\rho_1=(1-\phi)\rho_s$，$\rho_2=\phi\rho_{fl}$ 为 Biot 惯性耦合密度；$\omega_c=\frac{\eta\phi}{k\rho_{fl}}$ 是 Biot 特征频率；$\frac{1}{F}=\frac{1}{K_{fl}}+\frac{1}{\phi K_0}(1 \quad \phi \quad \frac{K_{dry}}{K_0})$。对于饱和度为 S 的岩石，可用 $Rs=R\sqrt{S}$ 替换上式中的 R。

一般情况下，使用 Biot 理论考虑的速度频散和衰减远远小于测量结果，而 BISQ 理论的计算结果更接近于准确值。这就表示，只考虑 Biot 理论来研究多孔介质中弹性波传播的影响因素是不全面的，并未考虑黏弹性特征的影响。

第二节 谐振 Q 模型

在研究地震波传播的过程中，最早关于岩石黏弹性研究的成果反映在 Ricker 等人（1981）的专著中，但他所得出的岩石损耗因子 Q^{-1} 与频率近似成正比的结论与后人的实验结果不符。Born（1941）也提出了一种理论模型，该模型所导出的相速度与频率无关的结论也未得到广泛的支持。20 世纪 50 年代之后，出现了一批描述黏弹性介质的新模型，如 Biot 模型，近似恒 Q 的 Futterman 模型，以及恒 Q 的 Strick 模型等。Biot 模型描述了流体饱和多孔隙岩石内流体相对于固体的运动所引起的能量损耗机制，而后两种模型可以解释沿岩石裂隙面和颗粒表面滑动摩擦引起的能量损耗。20 世纪 70 年代末 80 年代初，美国斯坦福大学岩石物理实验表明，对于应变小于 10^{-6} 的地震波传播来说，衰减的主要机制不是滑动摩擦，而是孔隙流体的作用（Winkler et al.，1989；Winkler and Nur，1982）。此外他们还观测到了沉积岩 Q 值随频率变化的谐振现象。

20 世纪 50 年代后期，McDonal 等（1958）的实际观测表明，在地震波频段内衰减与频率有近似线性关系，因此恒 Q 模型在 60 年代得到了广泛的支持。同时，用热弛豫和位错运动解释衰减机制的作者也得出介质的 Q 值与频率关系不太大的结论。但由于沉积岩中 Q 值谐振现象的发现，利用上述恒 Q 或近似恒 Q 模型来描述岩石的黏弹性便显得不够了。于是 Theilen（1982）结合 Biot 先前对沉积岩吸收机制的理论分析又提出了一种模型。他们用下式表示线性固体的应力–应变关系

$$\sigma+\tau_{\sigma}=M(i\omega)(\varepsilon+\tau_{\varepsilon}) \tag{2.2.1}$$

导出了谐振 Q 的基本关系式

$$Q^{-1}(\omega)=Q_0^{-1}\frac{2\omega\tau_0}{1+\omega^2\tau_0^2} \tag{2.2.2}$$

式中，τ_{σ} 为应力弛豫时间；τ_{ε}为应变弛豫时间；M 为复弹性模量；Q_0 为谐振频率 ω_0 处的品质因数；τ_0 为谐振弛豫时间。

式（2.2.2）虽然可以较好地反映岩石 Q 值的谐振现象，但它所给出的 Q 模型仍然是不完善的。因为，当ω=0 时，它给出 Q（0）为无穷大的结果，这与实验结果是不相符的。由此可见，前述各模型均有不足。在反映岩石中地震波吸收衰减机制上都存在片面性，是不全面的。为此杨文采（1987）将地震波能量的损耗分为两类，即可以用恒 Q 模型描述的机制（滑动摩擦等）和与谐振有关的机制（孔隙流体的运动）。这两类机制分别表示岩石中不同相（固相和流体相）的作用。在两者之间相互作用可以忽略的条件下，他用以下线性叠加来表示岩石的品质因数：

$$Q^{-1}(\omega)=Q_c^{-1}+Q_r^{-1}\frac{2\omega\tau_0}{1+\omega^2\tau_0^2} \tag{2.2.3}$$

式中，Q_c 为谐振频率段以外某一参考频率 ω_c 处的常数品质因数值；Q_r 为单纯由谐振引起的品质因数的峰值；在谐振频率 ω_0 处，令 $\tau_0=1/\omega_0$，代入式（2.2.3），有

$$Q_r^{-1}=Q_0^{-1}-Q_c^{-1}=\frac{Q_c-Q_0}{Q_0Q_c} \tag{2.2.4}$$

式中，$Q_0 \equiv Q$（ω_0）为谐振频率处的 Q 值，上式表示ω=ω_0 时，Q^{-1}（ω_0）为恒 Q_c^{-1} 和谐振 Q_r^{-1} 的叠加。令

$$\Delta Q=Q_c\ \ Q_0\geqslant 0 \tag{2.2.5}$$

则式（2.2.3）可改写为

$$Q(\omega)=Q_c[1+\frac{2\Delta Q}{Q_0}\frac{\omega\tau_0}{1+\omega^2\tau_0{}^2}]^{-1} \tag{2.2.6}$$

当 $Q_r^{-1}=0$ 时，有 $\Delta Q=0$，上式退化为恒 Q 模型。对于考虑有谐振吸收机制的沉积岩，应选 $\omega_c<\omega_0$。当 $Q_c\to\infty$ 时，式（2.2.5）又退化为谐振 Q 的基本关系式（2.2.2）。在 Q>1 的情况下，杨文采（1987）推导出了相速度计算公式，如下

$$V(\omega)=V(\omega_c)[1+\frac{2\ln(\omega/\omega_c)}{\pi Q_c}+\frac{4\Delta Q}{\pi Q_0 Q_c}\arctan\frac{(\omega-\omega_c)\tau_0}{1+\omega\omega_c\tau_0^2}]^{1/2} \tag{2.2.7}$$

式中，$V(\omega_c)$ 是低频 ω_c 时的速度。当谐振不存在时，有 $\Delta Q=0$。容易证明上式将退化为 Futterman 近似恒 Q 模型的速度计算式。显然，由式（2.2.3）和式（2.2.7）所表示的岩石谐振 Q 模型包含了前人提出的各种模型，因而是一种更为完善的黏滞吸收计算模型。

尽管上述谐振 Q 模型较好地描述了岩石的吸收衰减特性，但遗憾的是该模型并不实用。因为模型中的特征参数 Q_0、Q_c、Q_r、ω_c、ω_0、V（特别是 Q_0、Q_r、ω_0）通常只能依靠实测数据的拟合得到。当无实测数据时，一切就无从谈起。为了使该模型便于应用，下面来讨论各参数的求取方法。

由前面 Biot 理论的叙述可知，流体饱和多孔介质的性态类似一个标准黏弹性固体。也就是说，Biot 理论 Q 表达式与谐振 Q 的基本表达式应当是一致的。为了求出谐振频率 ω_0 和相应的 Q_r 值，对于纵波，用式（2.1.31）对频率 ω 求导，并令导数为 0，即可得到极值点或谐振峰值点的频率值 ω_0

$$\omega_0=\frac{\omega_b}{A}\frac{V_{10}}{V_{1\infty}} \tag{2.2.8}$$

将 ω_0 代入式（2.1.31）即得相应频率处的 Q_r 值

$$Q_r=\frac{2V_{1\infty}V_{10}}{V_{1\infty}^2-V_{10}^2} \tag{2.2.9}$$

同理，对横波也可得到相同的表达式。不过应注意的是，尽管纵、横波表达式相同，但由于零频率和无限大频率处的速度各不相同，因而纵波、横波的谐振频率与谐振峰值处的 Q_r 值是不同的。

低频 ω_c 的选取只要满足条件 $\omega_c\ll\omega_0$，则可选任意值，其一般不会对计算结果造成太大的影响。就地震勘探而言，由于地震波的频率范围一般在 8~100 Hz 之间，因此一般可选 ω_c 为 20~25 Hz。

低频速度 $V(\omega_c)$ 可由前述零频率速度来代替。低频纵波的 Q_c 值的选取，可

利用李庆忠（1994）所给出的反映纵波速度 V_p 与 Q 值的经验公式，由地震纵波速度或零频率速度近似计算得到。具体公式如下

$$Q \approx 14V_p^{2.2} \tag{2.2.10}$$

当 Q_r、Q_c 确定后，利用式（2.2.4）和式（2.2.5）即可确定 Q_0 和 ΔQ。至此谐振 Q 模型的表达式中的特征参数便可由常用弹性参数和岩石孔隙度等来直接求取，而无须通过实测数据的拟合来获得。

杨文采（1987）利用该模型对 Berea 砂岩的实测 Q 值进行拟合，取得了很好的拟合效果，说明该模型的有效性。为了说明已导出的特征参数计算公式的有效性，针对 Massilon 砂岩进行了理论计算，并将计算结果与实测数据点进行比较，二者吻合得非常好，见图 2.2.1。计算所用参数分别为：孔隙度 ϕ=23%，渗透率 k=737 mD，岩石颗粒的体积模量 K_m=39 GPa，岩石颗粒密度 ρ_m=2.65 g/cm^3，孔隙流体模量 K_f=2.2 GPa，孔隙流体密度 ρ_f= 1.0 g/cm^3，流体黏度 η =0.1 cP，干岩石纵、横波速度以及密度分别为 2 000 m/s，1 200 m/s，2.067 g/cm^3。

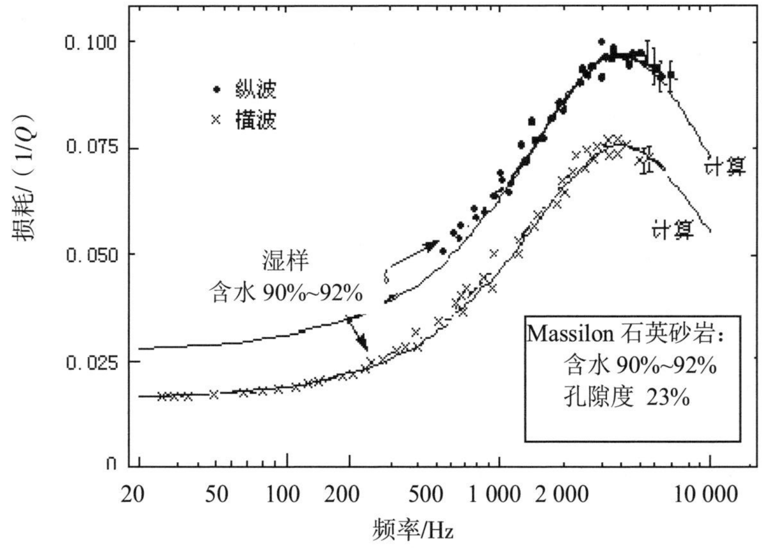

图 2.2.1　不同频率情况下，砂岩对地震波的吸收（小振幅情况下）理论计算值与实测值的比较

由图可见，模型计算结果与实验室测定结果吻合得相当好。由于衰减测定精度为 2%~3%，绝对准确度为 5%~10%，所以模拟计算结果与实测结果之间的偏差基本上在测量误差范围内，这说明这里所采用的计算模型可较好地揭示砂岩的衰

减特性。

第三节　储层参数与地震参数的转换

储层参数与地震参数的转换是十分重要的。在时移地震中，不论是进行可行性分析还是地震储层模拟，均需要进行油藏参数与地震参数的转换。储层参数的转换方法大致可分为三种：一是由 Biot-Gassmann 理论获得双相介质的地震波参数，二是根据来自实验和实际数据的统计关系进行转换，三是根据临界孔隙度方法进行转换。在时移地震储层正演模拟分析中，应用最多的是第一种方法。

一、Biot-Gassmann 公式法

Biot-Gassmann 公式将干岩石（即气饱和岩石）与孔隙流体的有效弹性模量联系起来，当已知储层干岩石和孔隙流体（油、气、水）或孔隙流体混合物的有效弹性模量时，利用该式便可计算地震勘探频率范围内饱和流体的储层岩石速度。但如何确定干岩石及孔隙流体的有效弹性模量是问题的关键。当不考虑温度、压力的影响时，油、气、水的有效弹性模量可近似看作是一个常数，但由于储层孔隙流体形成于一个动态体系，其组分和物理相态均随温度、压力的变化而变化，因此要准确地描述地下流体的特性就必须考虑温度和压力的影响。

干岩石的体积模量受岩石矿物成分、孔隙度、压力、温度和孔隙内部结构的影响。目前，获得干岩石弹性模量的方法可有如下几种：

1. 直接测定法

直接在实验室测定干岩石的特性是获得干岩石弹性模量最常用的方法。具体做法如下：

首先，将来自储层井孔的岩心清洗干净并烘干，然后测定其孔隙度和密度值。其次，利用超声波发射器、示波器以及由计算机控制的测量仪器测量干燥岩样的纵波、横波速度。最后，根据测得的密度、速度值，利用下述关系式即可求得干岩石的体积模量 K_b 和剪切模量 μ_b。

$$K_b = \rho(V_p{}^2 - \frac{4}{3}V_s{}^2)\text{；} \qquad \mu_b = \rho V_s{}^2 \tag{2.3.1}$$

式中，ρ为干岩石的密度；V_p，V_s分别为干岩石的纵波、横波速度。

在限定的温度、压力条件下重复上述测量过程，可确定干岩石样品弹性模量与温度、压力的关系。

2. 经验公式法

Geertsma 和 Smit（1961）导出了一个纯砂岩的干燥骨架模量、孔隙度和骨架颗粒弹性模量的经验公式

$$K_b = \frac{K_m}{1+50\phi} \tag{2.3.2}$$

Murphy 等（1993）通过对气饱和纯石英砂、砂岩样品的超声波测量数据（测量有效压力为 50 MPa）的统计分析发现，干岩石骨架模量表现出对孔隙度的明显依赖性，并给出了最佳经验拟合公式

对于$\phi\leqslant 0.35$，

$$K_b = 31.18(1-3.39\phi+1.95\phi^2); \quad \mu_b = 42.65(1-3.48\phi+2.19\phi^2) \tag{2.3.3}$$

对于$\phi>0.35$，

$$K_b = \exp(-62.60\phi+22.58); \quad \mu_b = \exp(-62.69\phi+22.73) \tag{2.3.4}$$

需指出的是，这些公式不一定是普遍适用的，对于不同的工区可借助上述关系统计出自己的经验公式。

3. 逆推法

之所以称这种方法为逆推法，是因为它是在已知流体饱和岩石纵波、横波速度和密度值的前提下，利用 Gassmann 方程来反推干岩石的弹性模量。通常岩石的纵波、横波速度与密度可由测井资料获得，当横波速度不可获得时，需先假定干岩石的泊松比，或利用经验公式由纵波速度换算出横波速度；当密度未知时，可由公式（2.1.4）来计算获得。具体做法如下

$$\mu_b = \rho V_s^{\,2} \tag{2.3.5}$$

$$K = \rho\left(V_p^{\,2} - \frac{4}{3}V_s^{\,2}\right)$$

$$K_b = \frac{KA-1}{\frac{K}{K_m^{\ 2}} - \frac{2}{K_m} + A} \quad (2.3.6)$$

式中，

$$A = \frac{1}{K_m} + \phi(\frac{1}{K_f} - \frac{1}{K_m}) = \frac{1-\phi}{K_m} + \frac{\phi}{K_f}$$

V_p，V_s 分别为饱和流体岩石的纵波、横波速度；ρ为岩石密度；其他参数同前。

4. **自恰理论法**

当岩石是多种矿物成分的复合体时，则 K_b，μ_b 可由估算复合介质有效弹性模量的自恰理论（Berryman，1980）确定

$$\left.\begin{aligned} \sum_{i=1}^{n} C_i(K_i - K_b)P_i = 0 \\ \sum_{i=1}^{n} C_i(\mu_i - \mu_b)Q_i = 0 \end{aligned}\right\} \quad (2.3.7)$$

式中，C_i 为第 i 种组分的体积与复合介质总体积之比；K_i 和 μ_i 分别为第 i 种组分的体积模量和剪切模量；P_i 和 Q_i 是与组分的几何形状有关的函数。对于球形颗粒，有

$$P_i = (K_b + 4\mu_b/3)/(K_i + 4\mu_i/3), \qquad Q_i = (\mu_b + F_b)/(\mu_i + F_b),$$

$$F_b = \mu_b(9K_b + 8\mu_b)/[6(K_b + 2\mu_b)]$$

针状、盘状和椭球状的 P_i，Q_i 表达式这里就不再列出了，可参阅有关文献（Berryman, 1980）。

除上述方法外，还有许多其他的方法（Pickett, 1960; Gregory, 1976; Domenico, 1974；Wyman，1982；Korringa 等，1979，等等），在这里就不一一详述了。

至于岩石基质模量或颗粒骨架模量，可以通过骨架矿物成分弹性模量的加权平均获得，即

$$K_m = \sum_{i=1}^{N} C_i K_i, \qquad \sum_{i=1}^{N} C_i = 1 \quad (2.3.8)$$

式中，C_i 是第 i 种骨架成分的体积含量百分比，K_i 为对应的弹性常数。

二、经验公式法

该方法主要是利用岩石物理实验测量数据，或由测井资料分析所建立的速度或弹性常数与岩石孔隙度、流体饱和度等油藏参数之间的统计经验关系式进行储层参数转换的。Wyllie 等人（1956，1958，1962）的观测揭示了速度与孔隙度之间存在如下简单的经验关系

$$\frac{1}{V}=\frac{\phi}{V_f}+\frac{1-\phi}{V_m} \tag{2.3.9}$$

式中，V 为岩石纵波速度，V_f 为孔隙流体速度，V_m 为岩石基质速度，ϕ为岩石孔隙度。

该式就是著名的 Wyllie 方程，也称时间平均方程。该方程虽然得到广泛应用，但也存在许多局限性。如它不适用于泥质砂岩、低速流体（如天然气或有较多溶解气的活油），溶洞及未固结的砂岩（Gregory，1976；钱绍新，1983；布尔贝，1994）。为了改进高孔隙度地层中孔隙度的估计，Raymer 等（1980）提出一个类似的经验方程

$$V=V_m(1-\phi)^2+\phi V_f \tag{2. 3.10}$$

事实上，在计算孔隙流体对速度的影响方面，该式与 Wyllie 方程具有同样的局限。为了改进泥质砂岩速度估算的精度，Angeler 等人（1982）在 Wyllie 公式的基础上增加了泥质校正项，得到一个新的时间平均方程

$$\frac{1}{V}=\frac{\phi}{V_f}+\frac{\varphi}{V_{sh}}+\frac{1-\varphi-\phi}{V_m} \tag{2. 3.11}$$

式中，V_{sh} 为泥质速度，φ 为泥质百分含量，其他符号与式（2.3.9）同。

黄绪德（1997）考虑到储层都是孔隙性岩石，且为双相或三相介质，从而将 Wyllie 公式扩展为如下形式

$$\frac{1}{V}=(1-\phi)(\frac{1-\varphi}{V_m}+\frac{\varphi}{V_m})+\phi(\frac{1-S_w}{V_{CH}}+\frac{S_w}{V_w}) \tag{2. 3.12}$$

式中，S_w 为水饱和度；φ 为泥质百分含量；V_m 为除泥质外的固相综合速度；V_{CH} 为烃类速度，可以是油的速度或气的速度或其混合物的速度；V_w 为岩石中孔隙水的速度。

该式考虑了储层中的一切因素，包括固相中所有成分对 V_m 的贡献，泥质百分

含量和纯泥岩速度对纵波速度的影响，孔隙率对油、气、水饱和度的影响，静压力、孔隙压力、温度（地温及蒸汽驱、火驱的影响）及气油比 GOR 对 V_{CH} 的影响，矿化度、温度、压力对 V_w 的影响，等等。通过对我国东部油田数据的试算表明，该式具有较高的吻合率。对碎屑岩，其适用范围至少是 $0.1 \leqslant \phi \leqslant 0.4$，$0.01 \leqslant \varphi \leqslant 0.90$，$0.01 \leqslant S_w \leqslant 0.8$。

三、临界孔隙度法

许多学者的研究表明，不同孔隙度范围内，速度或有效弹性常数随孔隙度变化遵循不同的规律。Nur（1992，1998）指出，实际上有效弹性常数随孔隙度的变化规律主要在两个孔隙度范围内，即固结岩石域和悬浮岩石域。其中一个重要常数是临界孔隙度，它是悬浮颗粒到固结岩石的一个临界点，也就是岩石从等应力状态到固体负载变化的一个临界点。只有孔隙介质才存在临界孔隙度，其大小取决于岩石的矿物成分和成岩作用过程。

用临界孔隙度修正有效介质理论，可使砂岩实验数据或实际数据与理论计算的结果吻合。例如，当岩石孔隙度大于临界孔隙度时，用 Reuss 平均公式计算有效介质的体积模量和剪切模量；当岩石孔隙度小于临界孔隙度时，用修正的 Voigt 平均公式计算其体积模量和剪切模量，即

$$\frac{1}{K}=\frac{1-\phi}{K_m}+\frac{\phi}{K_f}, \qquad \phi>\phi_c \tag{2.3.13}$$

$$K=(1-\frac{\phi}{\phi_c})K_m+\frac{\phi}{\phi_c}K_c, \qquad \phi<\phi_c \tag{2.3.14}$$

有效剪切模量μ可以通过下式获得

$$\mu=(1-\frac{\phi}{\phi_c})\mu_m \tag{2.3.15}$$

式中，ϕ，ϕ_c 分别为岩石孔隙度和临界孔隙度；K 为岩石体积模量；K_m 为岩石骨架模量或基质模量；μ_m 为岩石骨架剪切模量；K_c 为岩石悬浮颗粒状态在临界孔隙度处的体积模量，即

$$\frac{1}{K_c}=\frac{1-\phi_c}{K_m}+\frac{\phi_c}{K_f}$$

Nur 对不同岩石，如天然的或人造的、固结的或未固结的等，都用上述公式

进行了验算，其吻合程度都较好。根据临界孔隙度修正的有效介质理论求得孔隙介质岩石的弹性模量后，代入纵波、横波速度计算公式就可获得与实际吻合较好的速度值。Nur 也用临界孔隙度修正了 Kuster 和 Toksöz 模型，即用ϕ/ϕ_c代替计算公式中的ϕ，计算结果与实际非常吻合。

临界孔隙度在速度和孔隙度的关系曲线上的反映存在一个突变点，因此可以用突变点以内的速度与孔隙度的趋势线与速度为零坐标轴的交点估算出岩石的临界孔隙度值。

最后要指出的是，一般来说 Biot-Gassmann 公式主要适用于砂岩和灰岩类孔隙性储层的参数转换。对于裂隙性低孔隙、低渗透储层，采用 Kuster 和 Toksöz 公式可能效果会更好。

第三章　时间推移地震岩石物理基础

时间推移地震监测技术的关键在于能否产生稳定而可信的地震差异，这就使得了解油气藏开发过程中储层岩石地震特性的变化显得尤为重要。油田现场实际资料以及岩石物理实验研究结果（蔺景龙等，1996；方凌云和万新德，1998；巴斯宁耶夫，1992；王开燕等，2008）表明，在油田稠油热采与注水开发过程中，开发层物性的变化是非常复杂的。

第一节　稠油热采时间推移地震监测基础

在稠油热采（注蒸汽、火烧油层、注热水）的开发过程中，不论采用何种热采方式，储层内一个明显的变化就是温度急剧升高。一般来说，在稠油热采之前，储层主要为稠油和水饱和的原状地层，储层温度、压力较低且基本保持稳定。实施热采后，一方面温度的升高会使得储层内稠油软化，甚至发生原油蒸馏和裂解（高温时），这将使得孔隙流体的可压性增大，进而导致地震波传播速度的降低；另一方面，储层岩石本身在高温情形下也会产生微裂隙，导致整个岩石的可压性增加和地震波传播速度降低，因此，温度的变化是影响储层弹性特性变化的第一因素。

Wang 等人（1987，1988，1989）曾就温度对含重油砂岩速度的影响做过较为细致的研究。国内部分学者也曾进行过一定数量的稠油岩芯测量工作（王新红等，1994；王丹等，1998）。在系统全面地总结地震岩石物理学方面已有的大量研究成果的基础上，Wang（2001）确立了地震岩石物理学的基本准则。云美厚（2005）曾分析了陆相薄互层油藏实施时移地震监测存在的问题，并指出岩石物理研究的不足可能是影响陆上薄互层油藏时移地震监测难以有效实施的关键问题之一。王开燕等（2008）针对陆相薄互层通过正演模拟揭示了稠油热采监测的可行性，同时通过对胜利油田早期热采监测资料的重新处理表明热采可以引起可监测的地震异常（姜继水和宋吉水，1999；张敬华等，2000）。尽管如此，国内关于稠油热采岩石物理的基础研究还很薄弱。

在分析火烧油层对储层物性影响的基础上，结合国内外已有的岩石物理研究成果，重点分析稠油热采对储层岩石和孔隙流体弹性特性的影响，为进一步的稠油采热可行性分析、模型模拟等奠定基础。

一、火烧油层对储层物性的影响

在火烧油层稠油开发的过程中，火烧前、后储层内部一个最显著的变化就是储层温度的变化。然后是由此而引发的储层压力、孔隙流体相态以及岩石物性等多方面的物理或化学变化。了解各种变化的规律和特点对于时移地震监测的可行性分析以及时移地震的具体实施是非常必要的。

一般情况下，火烧前储层特性主要表现为如下三方面：

（1）储层岩石主要呈现为稠油和水双相流体饱和的原状地层，其温度和压力空间上基本保持稳定。

（2）点火前期，由于不断向地层采用高压注入空气，储层岩石孔隙流体相态发生改变，从原来的双相介质饱和状态变为油、空气、水三相饱和状态，而且储层压力也有所改变。

（3）地层压力有所升高，至少在空气注入井附近地层压力可能会略有升高。

当油藏点火后，随着燃烧的不断进行，火烧后的储层特性将表现为如下四个方面的变化：

（1）地层温度逐渐升高，地层处于高温、高压（注入压力、气体膨胀压力）的状态下，火烧前缘温度通常为 315~980 ℃（赵宝中等，1996），有时甚至更高。

（2）孔隙流体相态再次发生严重变化。孔隙中的地层水将气化变成水蒸气，原油将发生蒸馏和裂解变成气态烃和焦化物。

（3）沿着燃烧前缘的推进方向，孔隙流体呈现出条带状分布的特点。图 3.1.1 是油层中干式正向燃烧所形成的不同区带示意图（Payton, 1980）。从点火井（左端纵坐标）开始依次为已燃区、燃烧区、蒸发（裂解、蒸馏）区、凝结区、积水带、集油带和未受影响区。不同的区带温度、压力、流体相态、饱和度等各不相同。已燃区主要为空气饱和，燃烧区主要为气体（空气、水蒸气、焦化物）饱和，燃烧前缘前部为气（蒸汽、气态烃）、冷凝水、凝析油等饱和。

对于火烧油层地球物理检测而言，要监测出图 3.1.1 中的每一个区带显然是困难的，为此按照各区带的特点，可将其简化为如下四个区带，即燃烧带（包括前述已燃带和燃烧带）、蒸汽带（包括前述蒸发区、凝结区和集水区）、富油带和未受影响带（图 3.1.2）。

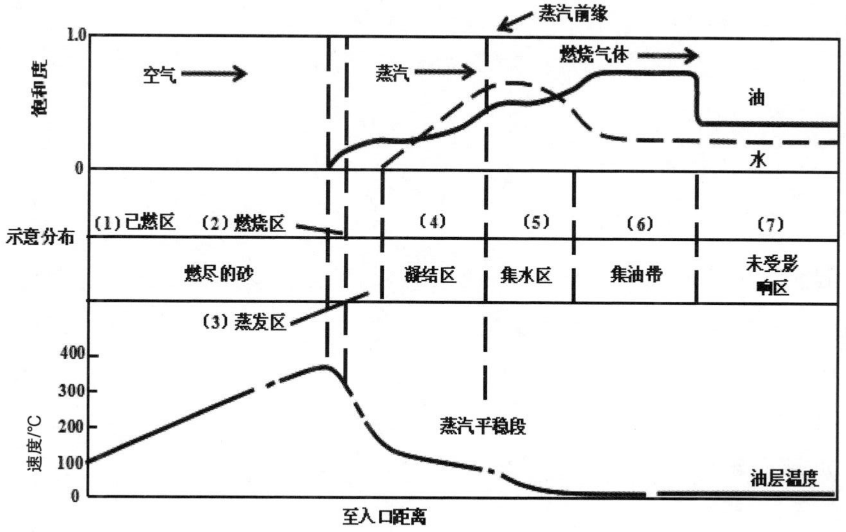

图 3.1.1　干式正向燃烧过程油层中不同区带示意图

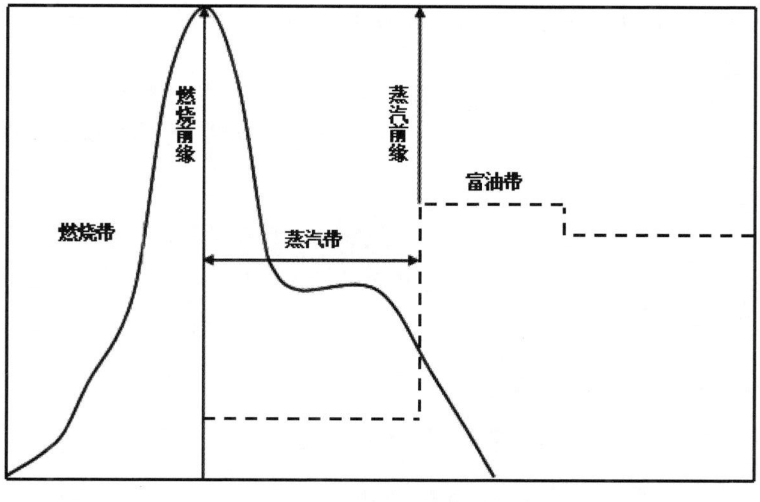

图 3.1.2　火烧油层过程示意图

（4）除孔隙流体变化外，储层岩石本身也遭受了高温的强烈作用，使得岩石的孔隙度和渗透率发生明显变化。一方面，剧烈的加温会造成岩石内部各种矿物沿不同晶轴的差异膨胀，增大了岩石的总体积，增加了微裂隙的数量，进而使得低压下岩石的孔隙度增大；另一方面，温度的增加也可能使得岩石颗粒受热膨胀、岩石孔隙空间缩小、孔隙度降低、渗透率减小。来自大庆油田砂岩岩样的实测数据表明，温度每增加 20 ℃，砂岩孔隙度相对减小 2.6%左右（赵宝中等，1996）。已有的部分测量结果表明，温度的增加可使得沉积岩石的渗透率降低达 60%（Payton, 1980）。

二、温度变化对油藏弹性特性的影响

在稠油热采过程中温度变化对油藏弹性特性的影响主要表现为温度对孔隙流体和储层岩石两方面弹性特性的影响。换言之，这两方面变化的综合效应才是油藏弹性特性变化的具体表现。

1. 温度对孔隙流体弹性特性的影响

火烧油层对孔隙流体的影响首先表现为原油黏度的明显降低和原油相态的转换。来自国内几个主要稠油油田的原油黏温关系数据表明（赵宝中等，1996），稠油黏度对温度非常敏感。例如在小于 90 ℃温度范围内，单家寺稠油平均温度升高 10 ℃时黏度约下降 50%，而河南油田稠油平均温度升高 10 ℃时黏度约下降 60%。原油黏度的降低不仅意味着原油密度的减小，同时也反映了原油的可压性增加、体积模量减小、速度降低。此外，伴随着原油黏度的降低，原油在高温下的裂解和蒸馏使得原油发生分馏，出现相态的变化，由原来黏稠的液体变为气体和低黏度的原油。这种相态的变化同样会使得原油的可压性增加。

Wang 等人（1987，1988，1989）的实验结果表明，首先，当温度升高时，稠油纵波速度下降很快，在 100 ℃的温度范围内，纵波速度下降均超过 20%左右。即使在较高的压力下，稠油速度仍然随温度的升高保持同样的下降趋势。其次，火烧油层虽然不会对孔隙地层水的黏度造成非常明显的影响，但是其所引起的地层水相态的改变同样使得地层水的可压性增大，即水从液态变为气态的水蒸气时，其体积模量和密度都将明显变小（Wang，2001）。再次，温度对气或水蒸气等的影响集中表现为不同区带原油溶解气油比和油、水饱和度的变化。

2. 温度对储层岩石弹性特性的影响

已有的研究表明，大多数沉积岩的弹性模量似乎都因受热而减小。在高温高压下，无论是纵波还是横波的速度都随着温度的增加而减小。Gregory（1976）对热处理过的巴西辉长岩测量表明，当干的辉长岩从 24 ℃被加热到 750 ℃时，纵波速度降低高达 40%。显然，当储层温度变化巨大时，温度对储层岩石本身的影响是不容忽视的。

3. 温度对储层岩石弹性特性的影响

由于储层岩石通常都处在流体（油、气、水）饱和状态下，因此，只有研究温度对不同流体饱和岩石弹性特性的影响才能更好地反映稠油热采对油藏弹性特性的影响。

Wang 等人（1987，1988，1989）所做的大量有关稠油饱和岩石速度与温度、压力等因素相互关系的实验结果表明，当温度升高时稠油饱和砂岩的纵波速度会急剧下降，而且含有稠油的高孔隙度（30%~40%）纯净砂岩的纵波速度下降尤为迅速；在油层加热升温过程中，稠油饱和砂岩的速度变化要远大于空气或水饱和砂岩的速度变化。当温度升高 100 ℃时，稠油饱和砂岩纵波速度下降至少为 9%，最高可达 50%。而空气和水饱和砂岩的纵波速度随温度的变化很小，一般不会超过 7%。波速对温度的依赖关系的强弱取决于岩石中所含碳氢化合物的多少。正是速度随温度的升高而急剧下降这一特殊现象为时移地震监测稠油热采过程提供了坚实的岩石物理基础，使得时移地震监测稠油热采过程成为可能。

图 3.1.3 显示了东部区某稠油油田砂样在不同流体饱和条件下测得的纵波速度随温度和压力的变化曲线。由图可见，低温时稠油饱和砂样的纵波速度总体上均高于盐水饱和砂样的纵波速度，而干燥砂样的纵波速度最低。原因在于稠油不同于普通的轻质油，稠油本身具有一定的剪切模量，这势必会增加稠油饱和砂样的抗压性，因而稠油砂样表现出比盐水饱和砂样高的纵波速度也就不足为奇了。干燥砂样基本上为空气饱和，而空气的可压性明显比盐水要高得多，因而盐水饱和砂样的纵波速度自然要高于干燥砂样的纵波速度。

进一步分析可见，不论围压如何，也不论砂样孔隙饱和流体类型如何，随着温度的增加，纵波速度均具有减小的趋势。相比之下，稠油饱和时速度降低最为明显，而且随着围压增加，速度随温度的变化率增大。当室温从 25 ℃增加到 100 ℃时，纵波速度分别降低 12%（10 MPa）和 32%（30 MPa）。在相同温度范围内，岩石水饱和纵波速度随温度的变化保持在 12%左右，基本上不受围压的影响。干燥砂样（空气饱和）的纵波速度随温度的变化约为 8%（10 MPa）和 14%（30 MPa）。

图 3.1.4 为 20 MPa 围压下，5 个稠油原砂样在不同温度条件下纵波速度的测量结果。由图可见，5 个原砂样纵波速度对温度均比较敏感，随着温度增加，纵波速度明显减小。当温度从室温 25 ℃增加到 100 ℃时，最大速度变化可达到约 60%，最小速度变化也在 20%以上。这与前述 Wang 等人的相关测试结论是完全一致的。

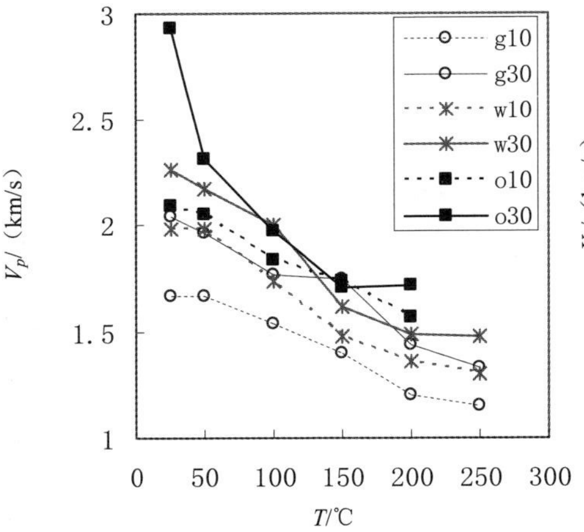

图 3.1.3 油（o）、气（g）、水（w）饱和砂样纵波速度与温度和围压的关系

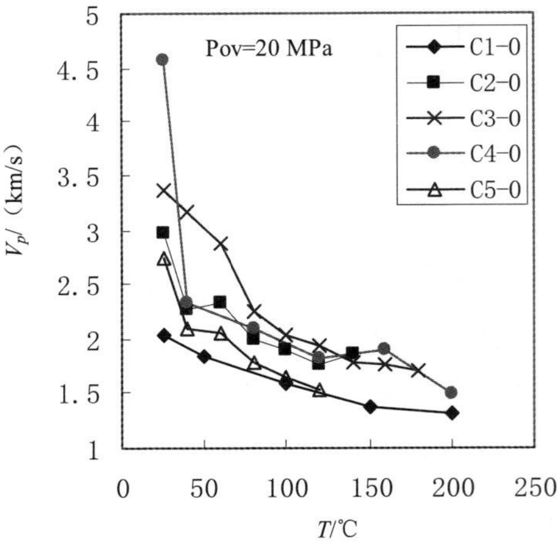

图 3.1.4 在 20 MPa 围压下，不同原砂样纵波速度随温度的变化

此外，根据河南油田稠油油藏的吸汽剖面测试和观测井监测资料统计（王丹等，1998），以及辽河油田稠油饱和岩样的实测结果，均表现出完全相同的规律性（Wang，2001）。这充分说明，对陆上薄互层稠油油藏实施时移地震监测，同样具有坚实的岩石物理基础。表 3.1.1 是时移地震监测温度对储层岩石物性的影响。

表 3.1.1　时移地震监测温度对储层岩石物性的影响（Gregory，1976）

岩石特性	温度的影响
渗透率	温度的增加可使沉积岩石的渗透率降低达 60%。温度对岩石渗透率的影响是复杂的，然而，可以肯定，在热力采油过程中岩石的渗透率是变化的，但目前岩石渗透率的这种变化很难用一个统一的模型进行描述
孔隙度	尽管受热对孔隙度的影响很难与压力及孔隙流体的影响分开，但可以肯定受热会增加微裂隙的数量，因此有可能使低压下的孔隙度增大
地层电阻率系数	增大
抗断强度	800 ℃时降低可达 60%
破裂压力	减小
破裂指数	裂缝数增多
岩石固体的压缩性	增大
孔隙体积的压缩性	在 24~204 ℃范围内增加 21%
总体压缩性	在 24~204 ℃范围内增大
弹性模量	减小
纵波速度	800 ℃时减小达 40%；低压下的水饱和岩比干岩石减小得多一些。在水饱和沉积物中速度增大
横波速度	减小
内摩擦	砂岩中高损耗的峰值接近室温，但在灰岩中峰值减小。有迹象表明，Q 对于室温以上的受热不敏感

上述这些特点构成了稠油热采（注蒸汽、火烧、注热水）时移地震监测的基础。

在稠油热采（注蒸汽、火烧、注热水）过程中，温度的剧烈变化造成储层岩石和孔隙流体弹性特性的显著改变。我国陆相薄互层油藏的复杂性和非均质性，在具体实施时移地震监测的过程中，必须做好充分的可行性论证和相应的技术、方法研究，努力降低风险性。目前，专门针对陆相薄互层油藏的时移地震岩石物理基础研究以及相应的采集、处理和解释方法的研究仍存在很大的不足，还有待进一步加强。

第二节　注水开发时移地震监测基础

油藏注水开发不仅会引起储层流体性质和流体饱和度的变化，而且可能会造成储层压实，导致储层岩石孔隙度、密度、有效压力的变化，与此同时也可能会导致储层温度的变化以及发生岩石破裂和化学变化等。这些变化将会引起储层地震特性怎样的变化？变化幅度有多大？其是否能够产生稳定而可信的地震差异？这是注水开发时移地震监测必须面对和解决的问题，是时移地震注水监测的基础。本节试图就各种因素对储层岩石地震特性的影响进行系统的分析，以便为进一步开展时间推移地震注水监测的理论研究与野外试验奠定基础。

一、储层油水饱和度的变化——流体替换

在注水驱油的过程中，注入水沿前进方向将孔隙中相互连通的油冲洗出来，结果使得储层岩石中的含油饱和度降低，含水饱和度增高，且随着前缘推进距离增大，饱和度的变化更趋明显。当几倍于孔隙体积的水流入孔隙后，可使油层的含油饱和度降低到剩余油饱和度。以大庆油田为例，强水洗油层的含油饱和度可下降 30%以上，中水洗可下降 20%~30%，弱水洗可下降 10%左右。Gregory（1976）的岩石物理实验结果表明，流体饱和度对岩石速度、密度的影响不仅与流体类型有关，而且与岩石本身孔隙度的大小以及岩石所受压力的大小有关。考虑到大多数砂岩储层在水驱之前原始含油饱和度一般在 65%~90%之间，而水驱后含油饱和度降低到 20%~30%。为此，针对孔隙度大于 15%的几个中高孔隙砂岩样品，且假定压力一定时，笔者利用 Biot-Gassmann 方程和岩石密度体积平均方程，分别计算了不同油水饱和度情形下，含油饱和度降低 30%、40%、70%时，砂岩速度、密度以及阻抗的相对变化量。作为一个例子，图 3.2.1 仅显示了含油饱和度降低 40%时的计算曲线。计算所用原油为低气油比轻质原油，其密度为 0.88 g/cm^3，体积模量为 1.15 GPa；水的密度为 1.0 g/cm^3，体积模量为 2.06 GPa。计算所用岩石基质和干岩石参数分别来自文献 Gregory（1976），Domenico（1976）和 Graul 等（1987）。

通过对计算结果的对比分析发现，砂岩速度的变化不仅与含油饱和度变化量的大小有关，而且与砂岩内原始含油饱和度的高低有关。对于相同的含油饱和度变化量，砂岩内原始含油饱和度越低，速度的相对变化率反而越大。当砂岩内原始含油饱和度一定时，则含油饱和度绝对变化量越大，相应的速度变化率也越大。相比之下，密度的变化较为简单。对于相同的含油饱和度变化，密度的相对变化率近似为一常数。也就是说，含油饱和度的变化对密度的影响仅与含油饱和度绝对变化量的大小有关，与原始含油饱和度的大小基本无关。就 40%的饱和度变化而言，高孔隙砂岩（$\phi\geqslant 25\%$）的速度、密度和波阻抗的变化分布范围依次为 0.7%~5.2%、0.5%~1.0%和 1.3%~6.1%；而中孔隙砂岩（$15\%\leqslant\phi<25\%$）的分布范围则为 0.3%~0.7%、0.3%~0.5%和 0.6%~1.3%。

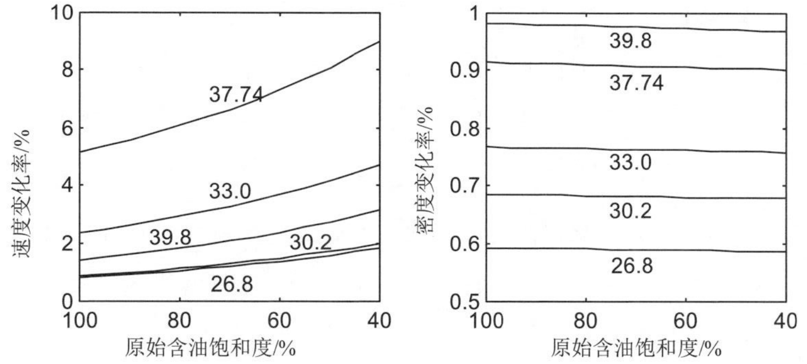

（a）高孔隙砂岩（$\phi\geqslant 25\%$）

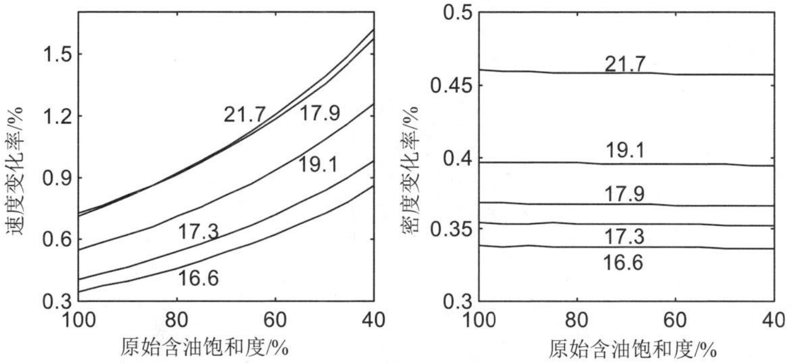

（b）中等孔隙（$15\%\leqslant\phi\leqslant 25\%$）

图 3.2.1　含油饱和度降低 40%时，不同孔隙岩石中速度与密度的变化率

二、有效压力与速度

斯坦福大学的 Phillips 等（1989）综合了大量的实验室资料，讨论了孔隙率、泥质含量及有效压力对岩石纵、横波速度的影响，并得到了两个经验公式

$$\left.\begin{aligned} V_p &= 5.77 - 6.94\phi - 1.73\sqrt{C} \\ &\quad + 0.446[P_e - e^{(-16.7P_e)}] \\ V_s &= 3.70 - 4.94\phi - 1.57\sqrt{C} \\ &\quad + 0.361[P_e - e^{(-16.7P_e)}] \end{aligned}\right\} \tag{3.2.1}$$

式中，ϕ为孔隙率；C 为泥质含量百分率；P_e 为有效压力，单位为 MPa，速度单位为 km/s。

图 3.2.2 是利用上二式计算得到的不同有效压力下，单位压力变化所引起的速度相对变化曲线。不难看出，当有效压力低于 10 MPa 时，速度随压力的变化幅度较大，相对变化率一般在 0.5%以上；而大于 10 MPa 以后，速度变化渐趋平稳，变化幅度较小，一般在 0.2%左右。相比之下，高孔隙砂岩较低孔隙砂岩速度变化要大，而且横波比纵波的变化大。对于埋深大于 1 000 m 的地下砂岩来说，其有效压力总是大于 10 MPa 的，因此，一般来说，压力的变化对速度的影响似乎并不太大。

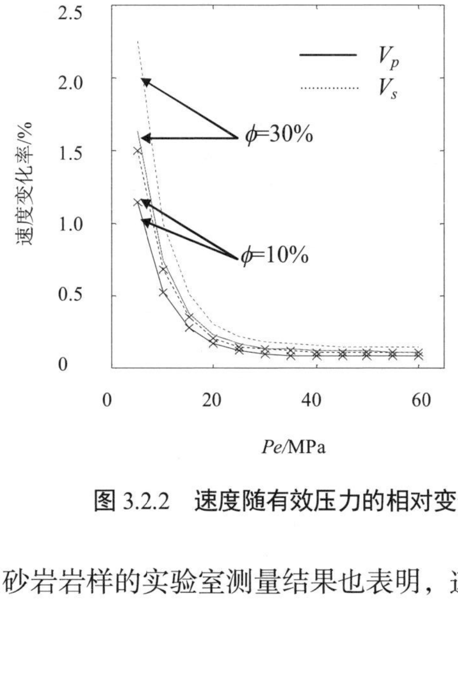

图 3.2.2　速度随有效压力的相对变化

此外，大庆油田砂岩岩样的实验室测量结果也表明，速度随有效压力的增加

呈非线性增大，见图 3.2.3，且速度变化率与图 3.2.2 基本相同。与此同时，发现速度随温度的增加呈线性减小，且温度每增加 20 ℃，所测砂岩的纵波、横波速度分别减小约 1.1%和 1.6%。这说明压力对速度的影响要比温度高。

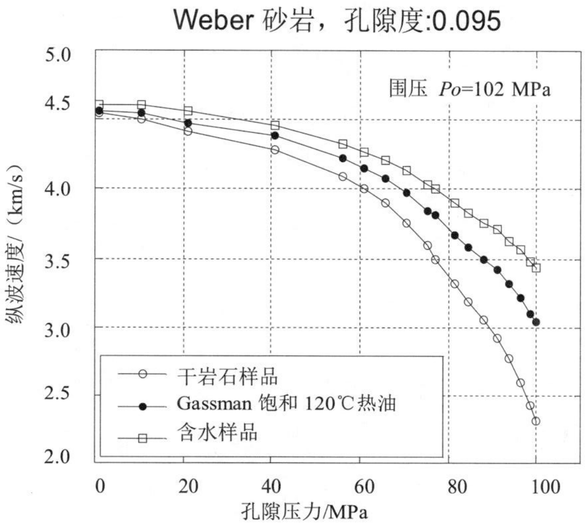

图 3.2.3 Weber 砂岩纵波速度与孔隙压力的关系
（据 Nur 与 Li Fang，1994 整理）

三、储层孔隙压力的变化

在油田投入开发之前，原始地层压力在同一水动力系统构造上的分布符合连通器的原理。一旦油藏投入开发，原始地层压力的平衡状态将被破坏，地层压力的分布状况就会发生变化，而且这种变化将贯穿于油田开发的全过程。当采油时，随着对储层中碳氢化合物的提取，地层压力将降低，尤其是开采井附近压力下降得更大。当向储层中注水时，地层压力将升高，特别是在注入井附近，由于注入流体流动的障碍，可能会在储层的横向和纵向上引起不同的压力。

岩石物理实验结果表明，压力变化对岩石速度的影响是明显存在的。当上覆地层压力一定时，无论岩石孔隙为水或油饱和还是为干岩石（气饱和），砂岩纵波速度均随孔隙压力的增加而减小，且孔隙压力越高，速度随压力变化的幅度越大，见图 3.2.3。由此可知，采油井处孔隙压力的降低必然会引起储层岩石速度的增加，而注水井处孔隙压力的升高将导致储层岩石速度的降低。

尽管注水可在一定程度上减缓地层压力，但就大多数油藏而言，地层压力变化的总趋势是降低的。以大庆太平屯油田为例，地层压力下降可达 4 MPa。这种压力的降低将使得岩石速度增加，其作用效果与流体替换是一致的，因此从这个意义上讲储层压力的变化对监测是有利的。特别是当孔隙压力较高（即低有效压力）时，即使是图 3.2.3 所示的低孔隙砂岩，其分别饱油和饱水时的纵波速度之间的差异也是相当可观的。当孔隙压力大于 60 MPa 时，纵波速度的相对变化率大于 2.8%；当孔隙压力大于 80 MPa 时，纵波速度的相对变化率将大于 5.8%；当孔隙压力大于 90 MPa 时，纵波速度的相对变化率将大于 7.8%。

四、储层温度变化

在油藏注采过程中，储层温度的变化主要与三种物理过程有关，即热传导、对流和扼流（库兹涅佐夫，1995）。其中，热传导是指不同温度组分接触的热交换；对流是指岩石孔隙空间流体位移引起的热移动；扼流即焦耳–汤姆森效应，它是指在孔隙介质中流体运动时的热吸收。储层内热场或温度场的变化是三种热效应共同影响的结果。一般来说，油藏开采前，地层中的热分布主要与热传导性的迁移有关，而且岩石的层理（即各向异性）对其导热性起决定作用。在油田开采阶段，当油气和水流经孔隙介质时，首先出现的是对流与扼流过程。在开采的最后阶段，对流热交换比扼流和传导过程占优势。井停产后，热分子迁移（传导）占优势，且沿储积层走向温度场的分布比沿油藏高程的变化要占优势。

就注水驱油而言，在注水前缘来到采油井之前，油在孔隙介质中流动时，扼流效应将使得地层温度略有升高；在注入井处，地表冷水注入到地下温热的油藏之中，由于对流常会造成地层温度的降低，至少在注水井附近，地层的温度应比邻近储层的温度要低。这将使得注水层中的原油与岩石发生冷却，使得原油黏度降低。

来自大庆油田的岩石物理实验结果表明，随着温度增加，砂岩速度近似线性减小，见图 3.2.4。这是由于温度增加，使岩石软化，可压缩性增强，因而速度降低。由此可知，在采油井处，由于温度的升高，砂岩速度将略有降低；而在注水井处，由于温度的降低，砂岩速度将有所升高。也就是说，由于注水而引起的温度变化对岩石速度的影响与流体替换是一致的。相比之下，压力的影响较温度的影响要大得多。

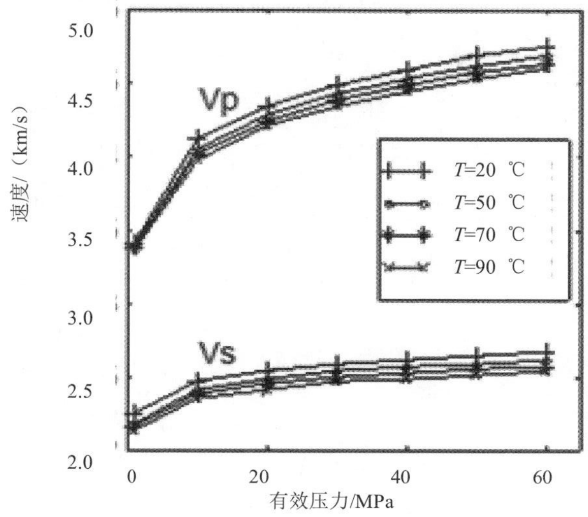

图 3.2.4　砂岩速度与有效压力和温度的关系

由于注水过程中温度场前缘总是落后于注水前缘（巴斯宁耶夫，1992），而且注入水体的体积相对于围岩体积而言是有限的，所以在常规的石油开采期间，通常认为储层温度是不变化的。即使储层温度有变化也是局部的，不会出现大范围内储层温度的明显变化，因此储层温度变化对岩石速度和密度的直接影响较小。

五、储层孔隙度和渗透率的变化

众所周知，孔隙度与渗透率均为可渗透介质空间位置的函数，同时也是介质中流体压力和温度的函数。在采油过程中，储层压力的降低，将使得储层岩石的骨架应力增大，岩石将被压缩，孔隙度和渗透率将随着地层的压实而减小。在注水过程中，地层压力将回升，这时一些具有弹性的矿物颗粒趋于恢复原始状态，而另一些具有可塑性的矿物颗粒则部分或全部地保留变形状态，储层孔隙结构变得复杂。一般情况下，胶结物含量较少且分选好的疏松砂岩具有孔隙度和渗透率可逆变化的特点。而碎屑物质和泥质含量较高的分选较差的固结砂岩、石灰岩和白云岩等，其孔隙度和渗透率的变化是不可逆的。换言之，当地层压力变化时，疏松砂岩的孔隙度和渗透率的变化较大，而固结较好的砂岩、石灰岩和白云岩等，除非压力的变化足以使岩层压裂破碎，否则不会引起地层孔隙度的明显变化。实验数据表明（Liu Xinzhou, 1998），未固结的净砂岩层在环境压力下孔隙度为38%，而在50 MPa的高压下孔隙度则为32%；黏土的孔隙度在环境压力下为60%，在50 MPa的高压下变为19%。对于砂、粉砂和黏土的混合地层，孔隙度变化的大小由三种组分的体积百分比决定。在同样的压力范围内，其孔隙度减小量为24%~34%不等；对于固结砂岩，在环境压力下孔隙度为17.5%，在50 MPa的高压下孔隙度则为16.6%。孔隙度与渗透率的递减速率不是一个常数，即在低有效压力下，孔隙度与渗透率随压力的变化较大，而在高有效压力下，孔隙度与渗透率随压力的变化较小。

来自大庆油田砂岩岩样的实测数据及拟合结果表明，砂岩孔隙度随有效压力的增加近似呈幂指数减小，随温度的增加呈线性减小，见图3.2.5。进一步计算发现，温度每增加20 ℃，砂岩孔隙度相对减小2.6%左右。对于5 MPa的压力变化，当有效压力低于10 MPa时，孔隙度的相对变化可高达5%左右；当有效压力高于50 MPa时，孔隙度变化较小，约在0.3%以下。而对于未固结的高孔隙疏松砂岩，其孔隙度随压力的变化要比这大得多。

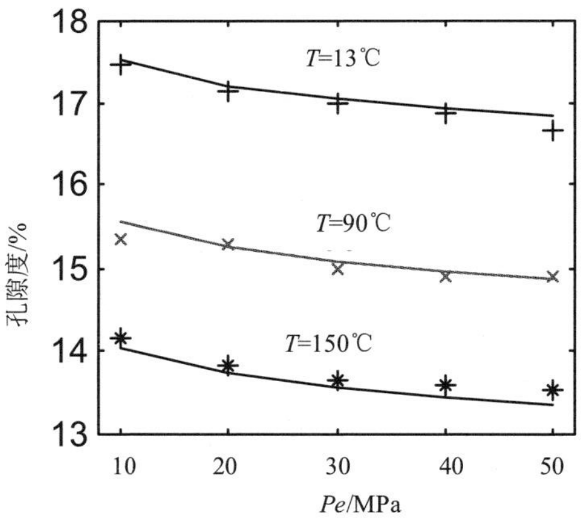

图3.2.5 砂岩岩样孔隙度与有效压力及温度间关系的测量数据和拟合曲线

此外，储层温度的变化同样会对孔隙度造成一定的影响。孔隙度随温度的变化近似为线性关系，且温度每增加20 ℃，所测砂岩岩样的孔隙度将减小2.6%左右。

再者，由于注水过程是注入水对孔隙的冲洗过程，注水后，一方面孔道内岩石颗粒表面的黏土矿物将被水冲洗掉，使岩石中黏土含量降低，孔道半径增大，从而使得岩层的有效孔隙度增加、渗透率增大、束缚水含量减少；另一方面非黏土充填物将被溶蚀成蜂窝状或蛋壳状，形成新的孔洞，其结果也会使得孔隙度和渗透率有所增大。一般来说，孔隙越小，充填物越多，孔隙度与渗透率的改善越明显，且孔隙度的增加与孔隙充填物的减少成比例。当然也有另一种可能，即在蒙脱石含量很高的地层中，由于蒙脱石吸水膨胀，反而可能堵塞孔道，降低地层的渗透率。

由上面的分析可见，在注水开采过程中，尽管造成孔隙度变化的原因有多种，而且孔隙度变化量的大小因岩石而不同，但孔隙度存在变化是毋庸质疑的事实。就压力、温度与冲洗三种原因而言，储层压实，即储层压力的变化是储层孔隙度变化的主要原因。为了说明孔隙度变化对岩石速度、密度的影响，我们利用式（3.2.1）和岩石密度体积平均方程进行粗略的估算发现，若孔隙度增加或减少 1%，则对于孔隙度在 15%~25%的中孔隙岩石，纵波速度变化范围在 0.15%~0.60%之间，密度变化为 0.07%~ 0.20%；对于孔隙度高于 25%的高孔隙岩石，纵波速度的变化将在 0.4%以上，但一般不会超过 1.5%。密度变化大于 0.2%，最大不会高于 0.35%。

六、孔隙流体性质的变化

由于孔隙流体形成于一个动态的体系，其组分与物理相态随温度和压力的变化而变化。在油田注水强化开采过程中，由于注入水通常是淡水，它与孔隙中地层水的矿化度往往不同，因此在注入水向前推进过程中将使得地层水淡化，从而降低了驱替前缘地层水的矿化度。在强水洗地层中矿化度可下降 75%，即使在弱水洗地层中氯化钠含量也可下降 10%。此外，由于油层中通常都含有一定量的溶解气，而注入水中是没有的，所以当油水接触时，在当时的温度与地层压力下，依溶解度的不同，部分气体将溶于水中。再者，由于注水而引起的温度降低，将使得孔隙流体的黏滞性增加，可压缩性减小，进而使得岩石速度增大。也就是说，注水不仅会改变储层孔隙流体的分布特性，而且或多或少会引起储层温度和压力的变化，这势必会引起地层水矿化度、原油的气油比、黏度等物性的改变，进而会引起储层孔隙流体地震特性的变化。特别是当孔隙压力低于饱和压力时，较轻的烃类成分的析出将会引起原油地震特性的明显变化。

为了说明流体类型或流体性质的变化对岩石速度的影响，对于孔隙度为 33% 的高孔隙未固结砂岩，表 3.2.1 列出了该岩石为不同流体饱和时的速度和密度值。不难看出，孔隙流体不同，砂岩速度和密度具有较大的差异。若孔隙流体由原来的油变为水，则岩石速度将增大。这是因为水的压缩系数比大多数天然油气的压缩系数低，所以水取代油之后会导致速度有增大的趋势。当油饱和砂岩完全被水驱替变为水饱和砂岩时，相应于含高、中、低三种气油比原油砂岩储层的速度、密度和波阻抗的相对变化量各不相同，且以含高气油比原油储层的变化为最大，含低气油比原油储层的变化为最小。而含不同气油比原油的砂岩层之间，速度、密度的相对变化率分布范围分别为 2%~8%和 2%~6%。由此可见，孔隙流体性质改变所造成的岩石地震特性的变化绝不可等闲视之。

表 3.2.1　不同孔隙流体饱和岩石的地震特性

孔隙流体类型	孔隙流体特性		流体饱和岩石特性		水置换油的相对变化量		
	速度/（m/s）	密度/（g/cm^3）	速度/（m/s）	密度/（g/cm^3）	速度/%	密度/%	阻抗/%
水	1 524.0	1.089	2 500.0	2.132	0	0	0
高气油比原油	670.5	0.500	2 080.0	1.940	20.0	10.0	31.9
中气油比原油	807.7	0.670	2 130.0	1.997	17.0	7.0	25.6
低气油比原油	1 143.0	0.880	2 270.0	2.066	10.0	3.0	13.6

七、温压变化与流体替换的比较

由前面的公式（3.2.1）经简单计算不难发现，影响岩石速度的主要因素是岩石的孔隙率，其次是泥质含量，再次为有效压力。它们各自所占的权重比例约为 4∶2∶1。这说明与孔隙率和泥质含量相比，压力对速度的影响确实要小得多，但若与孔隙流体特性的变化对岩石速度的影响相比，压力的影响似乎并非小得足可以忽略。

针对深度分别为 1 100 m、2 100 m、3 000 m 的三种储层，笔者利用 Biot-Gassmann 公式计算出：上覆地层压力一定时，不同有效压力情形下，砂岩储层分别为油水饱和时的纵波、横波速度，见图 3.2.6。计算所用岩石骨架和干岩石参数均来自 Gregory（1976）的测量结果，岩石孔隙度为 21.7%，孔隙流体参数来自大庆油田的实际数据。由图 3.2.6 可见，不论储层深度如何，水饱和砂岩的纵波速度均高于油饱和砂岩的纵波速度，但油水饱和岩石的横波速度变化很小，几乎是一致的。图中箭头所指的位置分别为相应深度正常压实情形下储层岩石的有效压力及速度值。显然，浅层曲线较深层要陡得多，也就是说，对于相同的储层压力变化，浅层岩石的速度变化要大得多。就 4 MPa 的储层压力变化而言，相应于 1 100 m、2 100 m、3 000 m 三个深度的含油砂岩纵波速度变化分别为 1.83%、0.70%、0.43%；横波速度变化分别为 3.30%、1.60%、0.88%。而相应深度处含油和含水砂岩纵波速度的变化依次为 2.85%、2.55%、2.19%，横波速度变化依次为 0.21%、0.36%、0.33%。

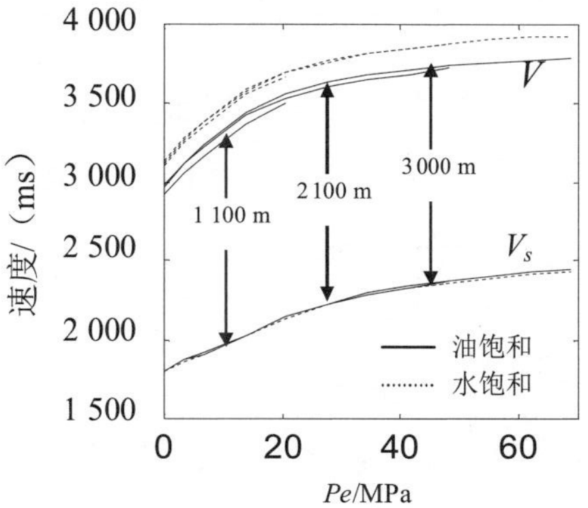

图 3.2.6　不同深度分别为油水饱和的砂岩纵波、横波速度随有效压力的变化

综上所述，在油田注水开发过程中，油藏特性的变化是十分复杂的。只有对各种影响因素有一个全面清楚的认识，才能对注水地震监测的可行性以及资料解释等做出正确的判断和结论。

第三节　孔隙流体的地震特性

由于孔隙流体形成于一个动态的体系，其组分与物理相态随温度和压力的变化而变化。在油田强化开采过程中，由于注气或注水不仅会改变储层孔隙流体的分布特性，而且或多或少会引起储层温度和压力的变化，这势必会引起储层孔隙流体物性的改变，进而会引起相应地震特性的变化。因此，分析研究孔隙流体的地震特性（密度、速度、体积模量）随温度、压力等的变化规律是十分必要的，其对于提高油藏地震监测的精度是非常有意义的。

Batzle 和 Wang（1992）对孔隙流体地震特性进行了较为详尽的讨论，并给出了一些简单、实用的经验公式。但美中不足的是，其未能将孔隙流体地震特性的研究与油藏地质特性和油藏工程紧密结合起来，因而所得的结论尚不够全面、准确，特别是并未对地层压力低于饱和压力的情形并未进行研究。下面将在前人研究工作的基础上，以大庆油田葡一组原油和地层水地震特性的计算结果为例，紧紧围绕油藏地质特性对储层孔隙流体随温度和压力的变化规律做一些初步的探讨，以期为油田强化开采地震监测的进一步研究奠定基础。

一、大庆油田葡一组油层孔隙流体物性概述

通过对太平屯（太北、太南）、葡萄花（葡北、葡南）、高台子等几个油田的分析，葡一组地层埋深一般在 950~1 200 m 之间，原始地层压力在 11 MPa 左右。油层温度在 40~60 ℃ 之间。相应孔隙流体物性分析表明：地面脱气原油密度在 0.85 g/cm^3 左右；地下原油黏度一般在 8.0 mPa·s 以下，最小为 4.9 mPa·s；原油的饱和压力一般在 6 ~ 7 MPa；原油的原始气油比较低，变化范围是 30 ~ 50 m^3/t；原油的含蜡量较高，均在 20%以上；原油体积系数约为 1.1。地层水的性质属于重碳酸钠（$NaHCO_3$）型，其总矿化度在 7 000 ~ 10 000 mg/L 之间。天然气的性质变化较大，相对密度的变化范围从 0.60~0.85，甲烷含量在 60%~90%之间，CO_2 含量一般不超过 2%。

二、计算公式

由油藏工程可知，当地层压力高于原油饱和压力时，地层原油的溶解气油比将不再随压力的变化而变化。因而，原油的特性较为简单。目前，关于原油密度、速度、体积模量等地震特性随温度、压力变化规律的分析研究多是针对这种情况进行的。然而，当地层压力低于原油饱和压力时，地层原油的溶解气油比将随着压力的变化而变化。此时原油地震特性的计算必须考虑溶解气的影响。这正是目前原油地震特性研究的空白。

对于一个原始地层压力高于原油饱和压力的饱和油藏而言，当由于油田开发而使得原始地层压力降低且低于原油的饱和压力时，溶解于原油中的溶解气将会随压力的降低而脱出成为游离气。此时对油气混合物地震特性的计算要求是必须先确定游离气的体积分数。下面我们就来推导游离气体积分数的计算公式。

首先，假定处于饱和压力之上的原油体积为V。当压力降低到饱和压力之下时，原油的体积为$V_o^{'}$，游离气的体积为$V_g^{'}$，油气混和物的总体积为V_1。当原油从低于饱和压力的状态被采到地面时，原油的体积为V_o，由地层原油脱出的游离气体积为V_{g1}，而处于原始地层状态下的游离气$V_g^{'}$被采到地面的体积为V_{g2}。地面游离气的总体积为V_g，其相当于将原油从高于饱和压力的状态直接采到地面时所脱出的游离气的体积。地面油气混合物的总体积为V_2。如图 3.3.1 所示。

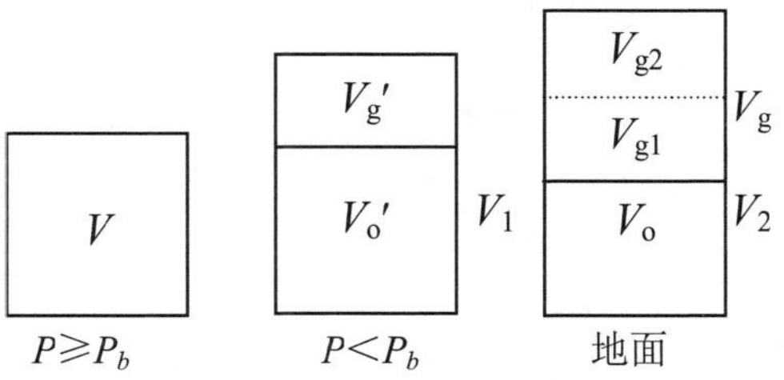

图 3.3.1　原油体积组成示意图

进一步，假定$P \geqslant P_b$时的溶解气油比为R_{si}，原油的体积系数为B_{oi}，而$P < P_b$时，溶解气油比为R_s，原油的体积系数为B_o，并假定天然气的体积系数为B_g，则由各项定义可得：

$$R_{si} = \frac{V_g}{V_o}, \qquad B_{oi} = \frac{V}{V_o} \tag{3.3.1}$$

$$R_s = \frac{V_{g1}}{V_o}, \qquad B_o = \frac{V_o^{'}}{V_o} \tag{3.3.2}$$

$$B_g = \frac{V_g^{'}}{V_{g2}} \tag{3.3.3}$$

在$P < P_b$地层条件下，游离气的体积分数S_g可定义为游离气体积与油气混合物总体积的比值，即

$$S_g = \frac{V_g'}{V_1} \quad (3.3.4)$$

将（3.3.1）~（3.3.3）式代入上式，整理得

$$S_g = \frac{B_g(R_{si} - R_s)}{B_g(R_{si} - R_s) + B_o} \quad (3.3.5)$$

可利用下式进一步计算出油气混和物的密度 ρ'

$$\rho' = \rho(1 - S_g) + \rho_g' S_g \quad (3.3.6)$$

$$\rho = \frac{\rho_o + \rho_g R_s}{B_o} \quad (3.3.7)$$

式中，ρ为地层条件下原油的密度，g/cm^3；ρ_o 为地面原油的密度，g/cm^3；ρ_g' 为地层条件下游离气的密度，g/cm^3；ρ_g 为地面游离气（或天然气）的密度，g/cm^3。

具体计算中，R_s、B_o、B_g和 ρ_g' 可由下面的经验公式给出

$$R_s = C_R\left\{0.021\,23G\left[P\exp\left(\frac{4.072}{\rho_o} - 0.003\,77T\right)\right]^{1.205}\right\} \quad (3.3.8)$$

$$C_R = 0.848\,57\exp(0.003\,337\,28T)$$

$$B_O = C_B\{0.972 + 0.000\,38[2.4Rs\sqrt{\frac{G}{\rho_o}} + T + 17.8]^{1.175}\} \quad (3.3.9)$$

$$C_B = 1.03 \qquad \rho_g' = 28.8\frac{GP}{ZRT_k} \quad (3.3.10)$$

$$B_g = \frac{\rho_g}{\rho_g'} \quad (3.3.11)$$

$$Z = \left[0.03 + 0.005\,27(3.5 - T_{pr})^3\ \right]P_{pr} + (0.642T_{pr} - 0.007T_{pr}{}^4 \quad 0.52) + E$$

$$E = 0.109(3.85 - T_{pr})^2\exp\left\{-\left[0.45 + 8\left(0.56 - \frac{1}{T_{pr}}\right)^2\right]\frac{P_{p_r}{}^{1..2}}{T_{pr}}\ \right\}$$

$$T_{pr} = \frac{T_k}{94.72 + 170.75G}$$

$$P_{pr} = \frac{P}{4.892 \quad 0.404\,8G}$$

$$T_k = 273.15 + T$$

式中，G 为地面条件下天然气的相对密度；R 为理想气体常数，R=8.31；P 为地层压力，MPa；T 为地层温度，℃；T_{pr}、P_{pr} 分别为拟对比温度和拟对比压力；C_r、C_g 分别为针对大庆油田葡一组油层原油，对 Batzle（1992）所给出的经验公式的校正系数。

通常，参数 R_{si}、B_{oi}、ρ_g、G 可直接由油藏工程得到。将分别由公式（3.3.6）与公式（3.3.7）计算所得的油气混合物与含溶解气原油密度值代入下面各式即可求得相应的速度和体积模量。

$$V = 2\,096\sqrt{\frac{\rho}{2.6 \quad \rho}} \quad 3.7T + 4.64P + 0.0115 \times (4.12 \times \sqrt{\frac{1.08}{\rho} \quad 1})TP \qquad (3.3.12)$$

$$K = \rho V^2 \qquad (3.3.13)$$

利用上面各式，并结合 Batzle 和 Wang（1992）所给出的计算公式，我们对大庆油田的原油地震特性进行了计算。

三、计算结果分析

由于在注水地震监测中，不仅要关注原油、地层水（盐水）以及注入水（淡水）本身的地震特性，而且更要关注它们之间的差异。因此，这里将各种孔隙流体地震特性变化曲线放在一起进行对比，以便更好地观测它们之间的差异。

图 3.3.2 为孔隙流体密度变化关系曲线。由图可见，当地层压力一定时，由于温度增加、原油体积膨胀，因而使得含溶解气原油的密度随温度的增加而线性减小。当地层温度一定时，如果 $P<P_b$（饱和压力），则含溶解气原油的密度随压力的增加而减小。这是由于压力增加，原油中的溶解气量增大，因而密度降低；但当 $P>P_b$ 时，压力增加，原油中的溶解气量不再增加，于是随压力的增加原油被压缩，进而引起含溶解气原油的密度随压力的增加而增大。当压力的降低使得原油脱出游离气时，油气混和物的密度将随着压力的减小而减小。这是由于压力降低，游离气体积分数增加的缘故。但与含溶解气原油相比，其密度要低得多。脱气原油密度的变化规律较为简单，其随温度增加而线性减小，随压力增加而线性增大。

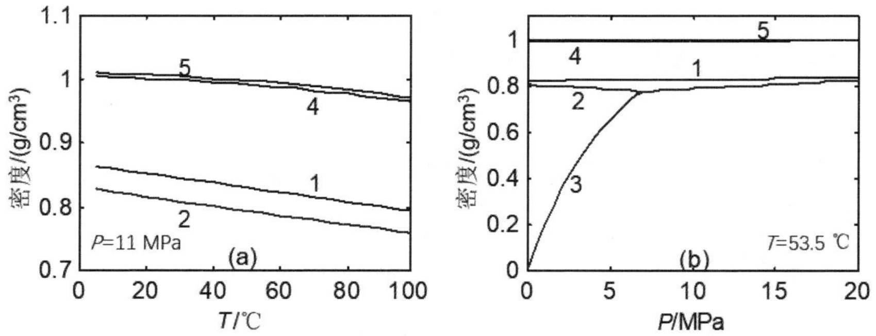

图 3.3.2　**大庆油田葡一组孔隙流体密度随温度、压力的变化关系**

1.脱气原油 2.含溶解气原油 3.油气混合物 4.淡水 5.盐水

作为存在于地层孔隙中的一种重要流体，地层水的地震特性主要受温度、压力和矿化度等因素的影响。地层水密度随温度、压力的变化规律与脱气原油基本上是一致的。即随温度增加密度减小，随压力增加密度增大，但变化的幅度与原油相比要小得多。由于大庆油田葡一组地层水的矿化度相对较低（<5%），所以与淡水相比，由矿化度引起的密度的变化也较小，甚至可以忽略。

就总体而言，地层水的密度最高，然后是淡水、脱气原油和含溶解气原油；地层水和含溶解气原油的密度差近似为 0.16 g/cm^3，约相当于原油密度的19%，而且随温度的增加，密度差略有增大。当地层压力低于原油饱和压力时，油气混合物的密度最小；当温度一定时，饱和压力处含溶解气原油与地层水的密度差最大。

图 3.3.3 为孔隙流体速度随温度、压力的变化曲线。显然，当压力一定时，含溶解气原油的速度随温度的变化规律与密度相一致；当温度一定且 $P<P_b$ 时，速度随压力的增加而减小；当 $P>P_b$ 时，其又随压力的增加而增大。对于油气混合物，当压力从 $P=P_b$ 开始减小时，速度开始迅速降低，然后随压力的减小缓慢地减小。其变化特点类似于砂岩含气速度降低。脱气原油速度的变化与其密度的变化规律是完全一样的。

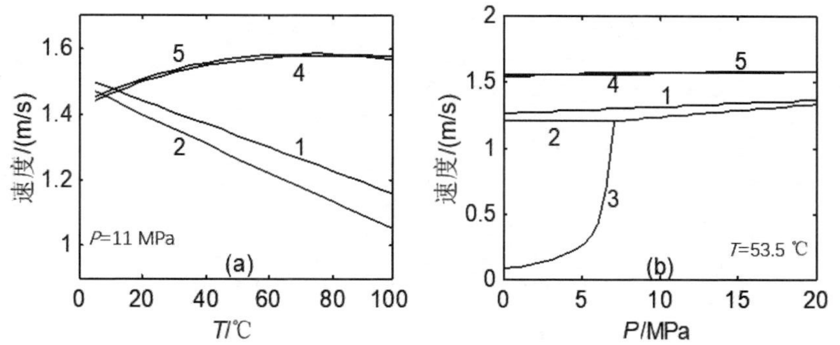

图 3.3.3　大庆油田葡一组孔隙流体速度随温度、压力的变化关系

1.脱气原油 2.含溶解气原油 3.油气混合物 4.淡水 5.盐水

对于地层水，速度随压力的增加线性增大，但随温度的变化则是非线性的。当温度增加时，速度开始逐渐增大，在 40~80 ℃范围内速度达到一个极大值，之后速度又缓慢地减小。矿化度对速度的影响同样很小。

显然，原油和地层水速度随温度的变化规律是截然不同的。随温度的增加原油和地层水速度的差异逐渐增大。而当温度一定时，又以饱和压力附近速度差为最大。对于大庆油田而言，在相应地层温度压力下，含溶解气原油和地层水速度之差近似为 300 m/s，约为原油速度的 24%。

图 3.3.4 显示了孔隙流体体积模量的计算结果。由图可见，除变化幅度相对较大外，孔隙流体体积模量随温度、压力的变化规律与速度是完全一致的。对地层水而言，在 40~80 ℃的温度范围内，体积模量同样存在一个极大值。另外，该图还给出了含气地层水的体积模量值。显然，地层水含气时体积模量减小，但减小的幅度很小，甚至可以忽略。这是由于一般情况下地层水所能溶解的气体与轻质油相比要少得多。与速度相同，含溶解气原油和地层水体积模量之差随温度增加而增大，随压力增加而减小（当 $P > P_b$ 时）。对于葡一组相应的地层温度和压力，其差值约为 1.1 GPa，约相当于原油体积模量的 90%。

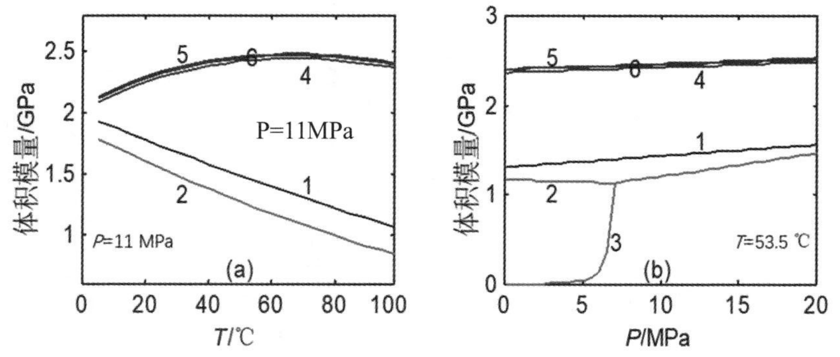

图 3.3.4　大庆油田葡一组孔隙流体体积模量随温度、压力的变化关系

1.脱气原油 2.含溶解气原油 3.油气混合物 4.淡水 5.盐水 6.含气盐水

就黏度而言，图 3.3.5 表明随温度增加，含气原油与脱气原油的黏度均减小。但相同温度下脱气原油的黏度比含气原油的黏度要高得多，这说明原油含溶解气其黏度会降低。此外，随压力的增加，脱气原油的黏度线性增高，而含气原油的黏度随压力的变化特点与密度完全相同，即在压力低于饱和压力时，黏度随压力的增加而降低；当压力高于饱和压力时，黏度随压力的增加而增高。造成原油黏度如此变化的主要原因是溶解气。换句话说，溶解气对原油黏度和密度的影响是相同的。

地层水的黏度随温度的增加而迅速降低，但受压力的影响却很小，几乎不随压力而变化。尽管地层水矿化度增大黏度也会随之增加，但这种增加与温度有关。对大庆地区而言，矿化度对地层水黏度的影响很小。此外，溶解气的存在会降低地层水的黏度，但由于地层水所能溶解的气体与轻质油相比非常有限，因而可以预料溶解气对含气地层水黏度变化的影响将很小。

进一步对比分析不难看出，原油黏度随压力的变化比随温度变化小得多。低温时原油和地层水黏度相差较大，随温度的升高黏度差迅速减小。从总体上来看，原油的黏度远远高于地层水的黏度。当温度一定时，在饱和压力附近二者的黏度差最小。在地层温度和压力下，含气原油和地层水的黏度差近似为原油黏度的96%。

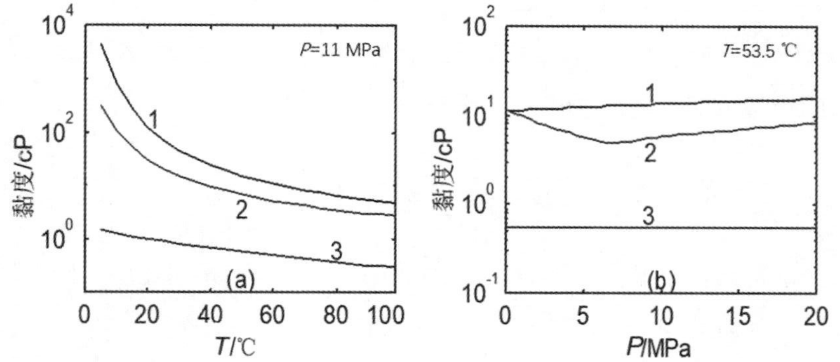

图 3.3.5 太平屯油田葡一组孔隙流体黏度随温度、压力的变化关系

1.脱气原油 2.含溶解气原油 3.盐水

综上所述，在地层条件下，原油地震特性随温度压力的变化规律与原油的饱和压力有关。当 $P \geqslant P_b$ 时，溶解气油比等于常数，原油密度、速度、体积模量、黏度均随压力的增加而增大，随温度的增加而降低；当 $P<P_b$ 时，随压力的增加原油中的溶解气量增大，从而使得原油的密度、速度、体积模量、黏度降低；当原油从高压降低到饱和压力之下时，原油中的溶解气会析出而成为游离气，由于游离气的存在，油气混合物的速度在接近饱和压力处迅速降低，之后随压力的减小，速度减小的幅度很小。地层水的密度、速度、体积模量和黏度随地层水的矿化度和压力的增高而增大，其黏度随温度的增加而降低。非常特别的是，其速度、体积模量在 40~80 ℃区间内存在一极大值。地层水可以溶解少量的气，从而使得地层水的体积模量降低，但降低的幅度很小，甚至可以忽略。原油与地层水的地震特性的差异是随地层温度、压力的变化而变化的。因此，准确地计算孔隙流体的地震特性对于分析研究注水地震监测具有十分重要的意义。

第四节　干岩石骨架模量分析

干岩石骨架模量是利用 Biot-Gassmann 方程进行储层参数与地震参数转换时必须事先给定的参数。已有的岩石物理实验结果表明，干岩石的弹性模量受岩石矿物成分、孔隙度、压力、温度和孔隙内部结构的影响，因此干岩石弹性模量应当是孔隙度、泥质含量、温度和压力的多元函数。然而，尽管目前可用于干岩石弹性模量求取的方法很多，但每一种方法都有其局限性。因此，要想对注水监测进行较为全面的模拟分析，就必须对干岩石模量随孔隙度、泥质含量、压力和温度等的变化规律有一个较清楚的认识。正是基于这样的考虑，本节试图在分析研究前人成果的基础上，找到一个较普遍适用的规律，以供大家使用。

一、干岩石模量与温度和压力的关系

在国家自然科学基金“八五”重大研究项目——陆相薄互层油储地球物理理论与方法——研究中，大庆油田曾进行了储层条件下油储岩石物性的测量和规律研究。根据测量结果换算得到的体积模量比 K_b/K_0 和剪切模量比 μ_b/μ_0 与温度和有效压力的关系如图 3.4.1 所示。

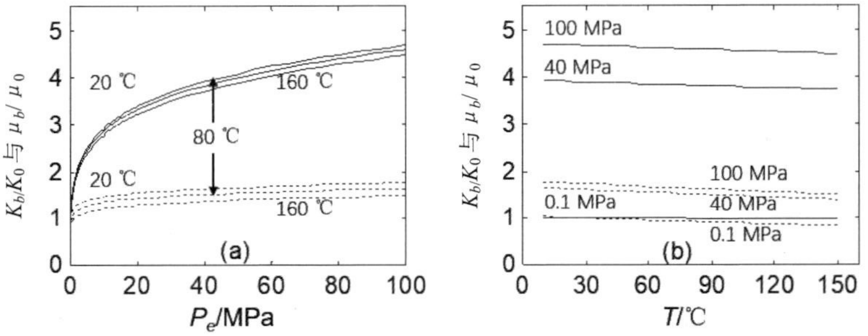

实线——体积摸量比　　虚线——剪切模量比

图 3.4.1　干岩石模量比与温度和压力的关系

进一步进行多参数拟合，得到最佳拟合表达式如下

$$K_b/K_0 = 1.0769\left(\frac{P_e}{0.1}\right)^{0.21548} - 0.02837\left(\frac{T}{20}-1\right) \tag{3.4.1}$$

$$\mu_b/\mu_0 = \left(\frac{P_e}{0.1}\right)^{0.082} - 0.030464\left(\frac{T}{20}-1\right) \tag{3.4.2}$$

式中，K_0、μ_0 分别为大气压和常温（20 ℃）下的体积模量和剪切模量；K_b、μ_b 分别为不同温度、压力下的体积模量和剪切模量，P_e 为有效压力，MPa；T 为温度，℃。

上二式的拟合结果相当好，拟合残差很小。这表明干岩石的弹性模量与有效压力近似为幂指数关系，与温度为线性关系。由图 3.4.1 可见，干岩石的模量随有效压力的增加而增大，随温度的增加而减小。有研究表明，有效压力对岩石弹性特性的影响与岩石内部存在的裂隙数目有关，且裂隙数越多，岩石弹性特征随压力变化越大。当有效压力较低时，随有效压力的增加，岩石内部的微裂隙首先闭合，因而表现为岩石弹性模量的迅速增大。之后，随有效压力的继续增加，岩石内部的微裂隙几乎全部闭合，压力的作用仅表现为使岩石孔隙度微弱减小，从而使得曲线变化幅度减弱。造成干岩石弹性模量随温度增加而减小的原因，也许可用包括黏土与石英在内的不同固体组分之间有不同的热膨胀系数来解释。因为温度增加，将会使得所有的矿物成分的压缩性增大，从而引起岩石固体组分、孔隙体积以及岩石总体压缩性的增大，弹性模量减小。

二、干岩石模量的统计分析

为了统计分析干岩石弹性模量与孔隙度、泥质含量、温度及有效压力的关系，这里主要采用了 Phillips 等人（1989）的实验数据，以及大庆油田太30井和太302井两口井的测井资料和部分岩石物理实验结果。由于原始数据为速度，拟合所用弹性模量均是利用干岩石弹性模量计算方法换算得到的。

Murphy 等（1993）的研究表明，干岩石弹性模量与孔隙度为非线性关系。同时他也指出干岩石弹性模量随黏土含量增加呈非线性减小。据此，并结合前面关于干岩石弹性模量与温度、有效压力关系的分析，可建立如下多参数拟合数学模型：

$$M_b = (a_0 + a_1\phi + a_2\varphi + a_3\phi^2 + a_4\varphi^2)\left[c\left(\frac{P_e}{0.1}\right)^b + d\left(\frac{T}{20} - 1\right)\right] \qquad (3.4.3)$$

式中，M_b为干岩石弹性模量，GPa；P_e为有效压力，MPa；T为温度，℃；ϕ为孔隙度，φ为泥质含量。该式对干岩石体积模量K_b和剪切模量μ_b均适用，相应的拟合系数见表3.4.1。

表3.4.1　干岩石弹性模量拟合公式(2.6.3)系数表

M_b	a_0	a_1	a_2	a_3	a_4	b	c	d
K_b	37.399 5	−98.768 9	−21.053 2	35.970 6	−9.272 5	0.094 381	0.607 99	−0.028 376
μ_b	34.865 5	−121.342 5	−46.675	144.244 2	46.299 3	0.112 94	0.384 08	−0.030 464

为了证明上述拟合结果的正确性，图3.4.2给出了弹性模量预测值与实际值的交汇图，不难看出，数据点均集中分布于45° 对角线附近且K_b和μ_b的均方根误差分别为2.41和1.57，这说明上二式较好地拟合了实际的干岩石弹性模量值。

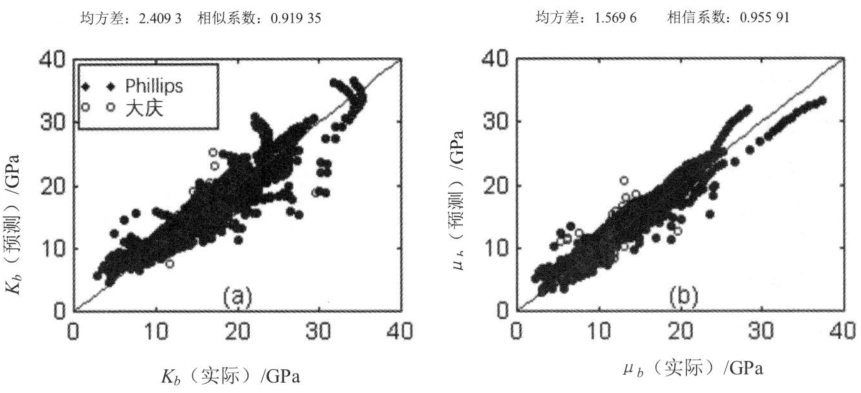

图 3.4.2　干岩石弹性模量预测值与实际值

进一步将由干岩石弹性模量拟合公式和 Boit-Gassmann 方程联合计算的纵波、横波速度与实测的纵波、横波速度相比较，见图 3.4.3，同样吻合得很好。这再一次说明了拟合公式的有效性。

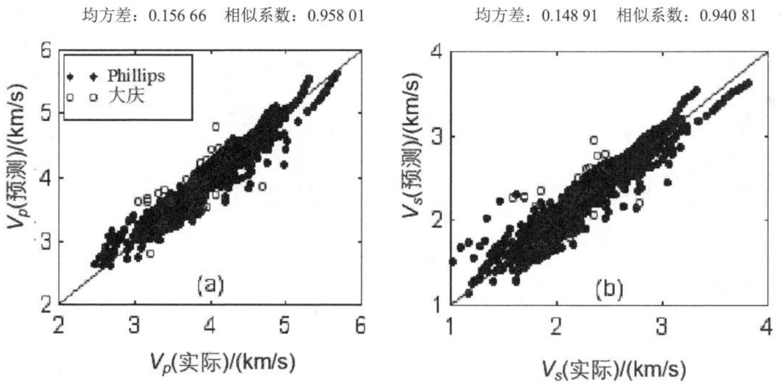

图 3.4.3　纵波、横波速度计算值与实际的比较

需指出的是，由于 Phillips（1989）实验数据是在室温下测定的，所以拟合公式中干岩石模量随温度的变化关系主要是利用大庆油田岩石物理实验结果给出的。虽然用于统计分析的数据十分有限，但拟合公式（3.4.3）基本上可用来描述干岩石弹性模量的总体变化规律。该公式使得利用 Biot-Gassmann 方程分析储层温度、压力以及孔隙流体变化对地震特性的影响成为可能。其对于储层参数与地震参数的转换，特别是对时移地震的可行性正演模拟分析，以及时移地震资料的解释均具有十分重要的意义。

第四章　时间推移地震正演模拟研究

正演模拟分析不仅是时间推移地震可行性分析的重要手段，同时也是时移地震资料与油藏特性的连接桥梁。一方面，通过一维合成地震记录可以研究时间推移地震监测的可行性；另一方面，通过更为复杂的三维地震正演模拟，可研究时间推移地震属性，寻找更好的时间推移地震资料的处理和解释方法。由于注入地震监测的应用难度较大，特别是对于陆相砂泥岩薄互层，注入地震监测的难度就更大。为了降低降低风险，提高效益，进行注入地震监测的模拟分析就显得更加重要了。

本章将模拟分析不同储层特性的注入地震响应，讨论地震资料的分辨率和信噪比对注入地震监测的影响，并对太平屯油田注水地震监测的可行性进行初步分析。

第一节　正演模拟方法

如果说直接地震监测所能提供的只是油藏内以前和现在的流体位置的话，油藏动态模拟过程则在一定程度上可以预测油藏内未来的流体流动方式以及流体分布。为了更好地揭示油藏开采动态变化所引起的地震反射特性的变化，地震正演模拟应当与油藏流体流动模拟相结合。因此，一个完整的模拟过程应当包括流体流动模拟、岩石物理转换，以及通常意义下的地震正演模拟三个部分。

一、流体流动模拟

流体流动模拟是建立在流体流动理论基础上的油藏工程数值模拟方法。流体流动方程描述了由于孔隙介质中流体流动所产生孔隙压力、温度和多相孔隙流体饱和度变化，因此流体流动模拟不仅可提供流体饱和度分布，而且可给出地层压力与温度的分布。这是进一步进行地震模拟所必需的。流体流动的模型模拟大致可分为如下三个步骤：

第一步，建立初始油藏地质模型，并确定模型内各岩相的岩石物性值。为了拟合生产数据，必须用最优化技术描述静态资料。通过油藏描述，可获得油藏静态特征的空间分布。从最初的油藏特征描述研究中得到的数据结合地质、地震、测井、录井、实验室和生产资料等多方面资料建立初始模拟模型，利用油田已有的孔渗关系确定绝对渗透率。由试井、测井和取芯资料可得到相对渗透率、压力和原始饱和度。初始模型一经建立，便可实行正演模拟去拟合时间关系或动态数据。当然，模型的准确与否是模拟工作能否继续的关键。

第二步，按实际需要将储层模型分成不同的网格单元，并求取每个网格单元小范围内的岩石物性平均值。

第三步，根据相应的原始数据、初始和边界条件（油井产率和压力、地层流体类型、不流动边界等）来模拟流体流动状态，给出不同时间的压力和饱和度空间分布。时间推移地震资料是同一油藏不同时间多次测量的结果，它们可以被认为是与油藏生产有关的动态资料。因此，时间推移地震资料为历史拟合提供了另一种约束条件。

如果对生产历史拟合结果没有使用时间推移地震资料和其他约束，模型的特征描述将不是唯一的。而且这种特征描述也无法获取油藏的高度非均质性，对剩余油的分布和未来流体运动的描述也可能不正确或不细致。

一般情况下，流体相特性随压力和饱和度的变化而改变，而且某些特性因其与相组分有关而更加复杂。好的流体特性模型应考虑所有重要的效应，如含气原油的密度与溶解气的关系。

二、岩石物理转换

由于大多数流动模型并不计算油藏地球物理属性，因此为了使时间推移地震与流体流动相结合，必须将流体流动模拟所获得的信息转换成适合地震模拟分析所要求的地震属性格式（如声阻抗、纵波速度和横波速度等）。参数转换过程中应考虑压力、温度、孔隙度变化等影响。

另外，应注意油藏地质模型与用于地震模拟的岩石物性模型中的流体性质的匹配。如果岩石物性模型中流体性质不匹配，如在岩石物理模型中使用流体特性的标准关系不可能恰当地体现流动模型计算出的相密度和压缩系数，那么油藏地球物理属性计算就会出现错误。因此，最好的办法是将岩石物理模型和流动模型综合起来，采用相同的流体性质模型进行计算，便可避免出现这类问题。

三、地震正演模拟

地震响应是震源和储层声学特性的函数。对于叠后地震数据，主要的特性是储层的声阻抗（纵波速度 × 密度），因此，可以使用一个简单的褶积模型。为了产生叠前数据，可以使用波动方程的正演模拟。

由于本次模拟的目的在于揭示油藏注水开发过程中油藏特性的变化将会对储层地震特性造成怎样的影响，以及这种影响有多大，其是否是稳定可测的，同时也由于所研究工区客观条件的限制，因此，在具体模拟研究中并未做流体流动模拟，而是直接在岩石物理模型中给出流体饱和度、温度、压力等的分布特性。实际采用模拟流程如图 4.1.1。

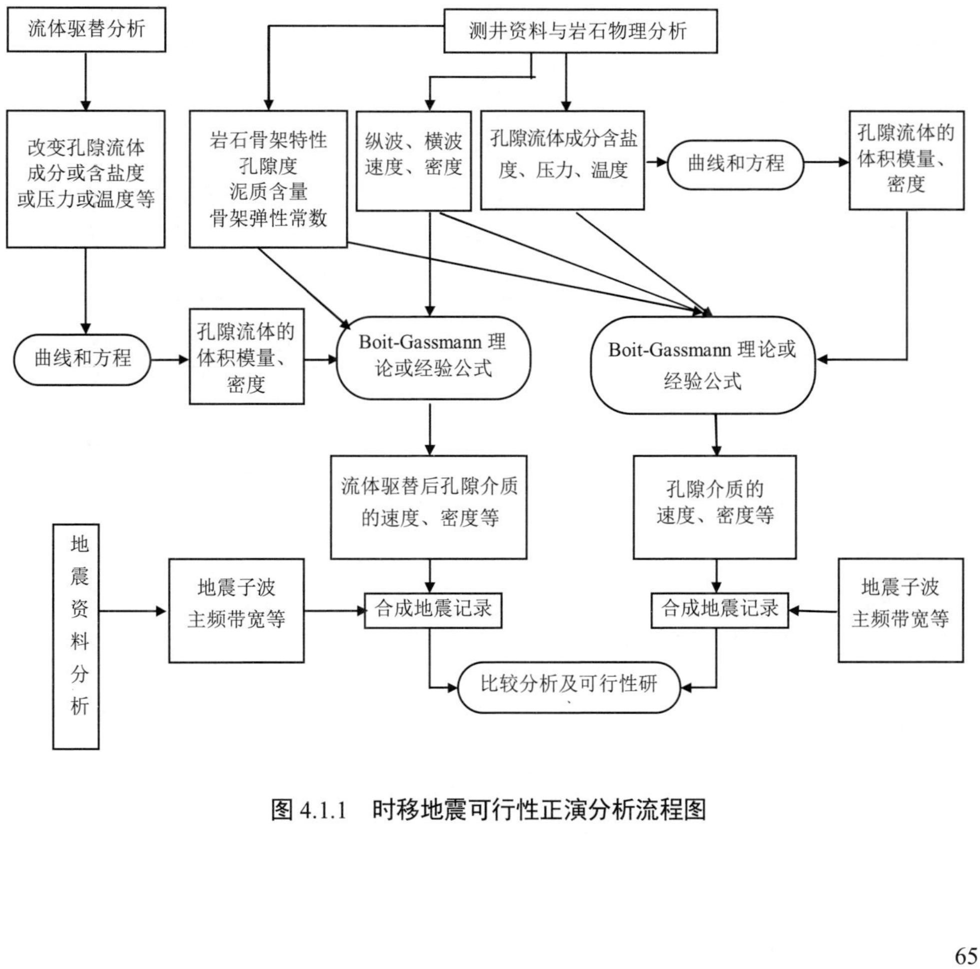

图 4.1.1　时移地震可行性正演分析流程图

第二节　未固结高孔砂岩油藏注水地震响应

为了模拟不同储层结构特点的注水地震响应，这里采用图 4.2.1 所示简单的活塞式注水模型进行模拟分析。模拟计算所用砂岩与孔隙流体物性参数相同，见表 4.2.1。模型中目的层结构参数见表 4.2.2 和表 4.2.3。

表 4.2.1　砂岩与孔隙流体参数

岩石	水
基质体积模量：40 MPa	体积模量：2.38 MPa
固体基质密度：2.65 g/cm³	密度：1.089 g/cm³
干岩石泊松比：0.12	原油
岩石纵波速度：2 500 m/s	体积模量：1.15 MPa
含水饱和度：100%	密度：0.88 g/cm³
孔隙度：33%	

表 4.2.2　单层以及等厚互层模型参数

模型	层数	单层 厚度/m	砂岩 总厚度/m	互层 总厚度/m
M1	1	100	100	100
M2	50	20	60	100
M3	20	5	50	100
M4	40	2.5	50	100
M5	80	1.25	50	100

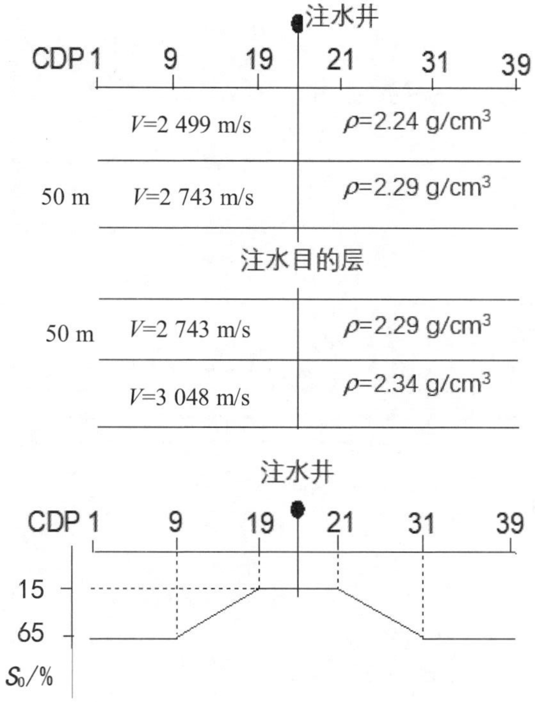

图 4.2.1　注水地质模型（上）与
注水后含油饱和度分布曲线（下）示意图

表 4.2.3　不等厚互层模型参数

模型	层数	单层砂岩厚度/m	单层泥岩厚度/m	砂岩总厚度/m	互层总厚度/m
MN1	39	2.5	5	50	145
MN2	39	2.5	顺序递增：1~10,1~9	50	150
MN3	19	顺序递增：1~10	5	55	100
MN4	19	顺序递增：1~10	顺序递增：1~9	55	100
MN5	41	随机变化：最大 3.2,最小 0.8	随机变化：最大 30.8，最小 2.4	39.4	241.2

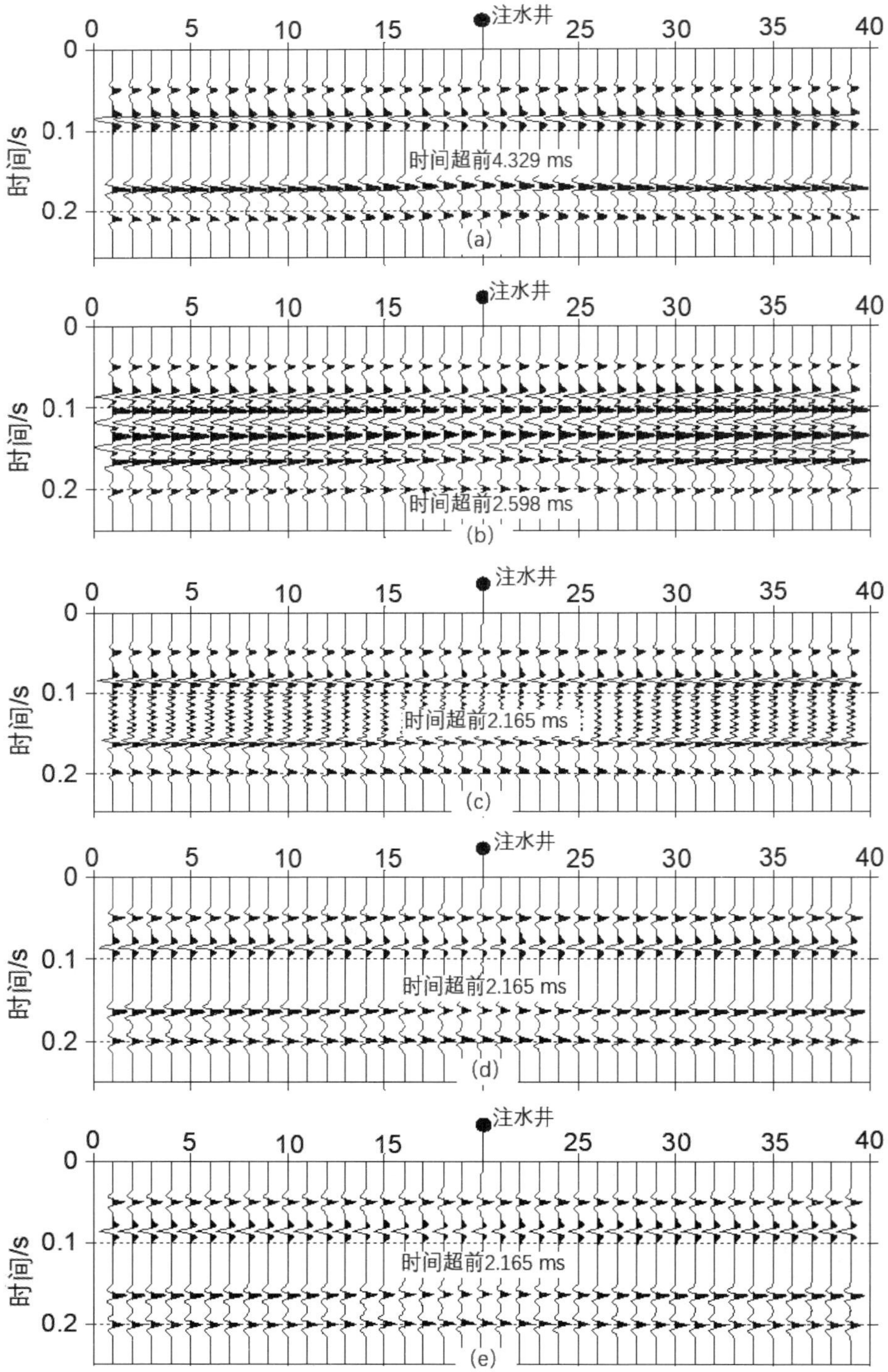

图 4.2.2　单层及等厚互层模型注水后的地震响应

（a）M1；（b）M2；（c）M3；（d）M4；（e）M5

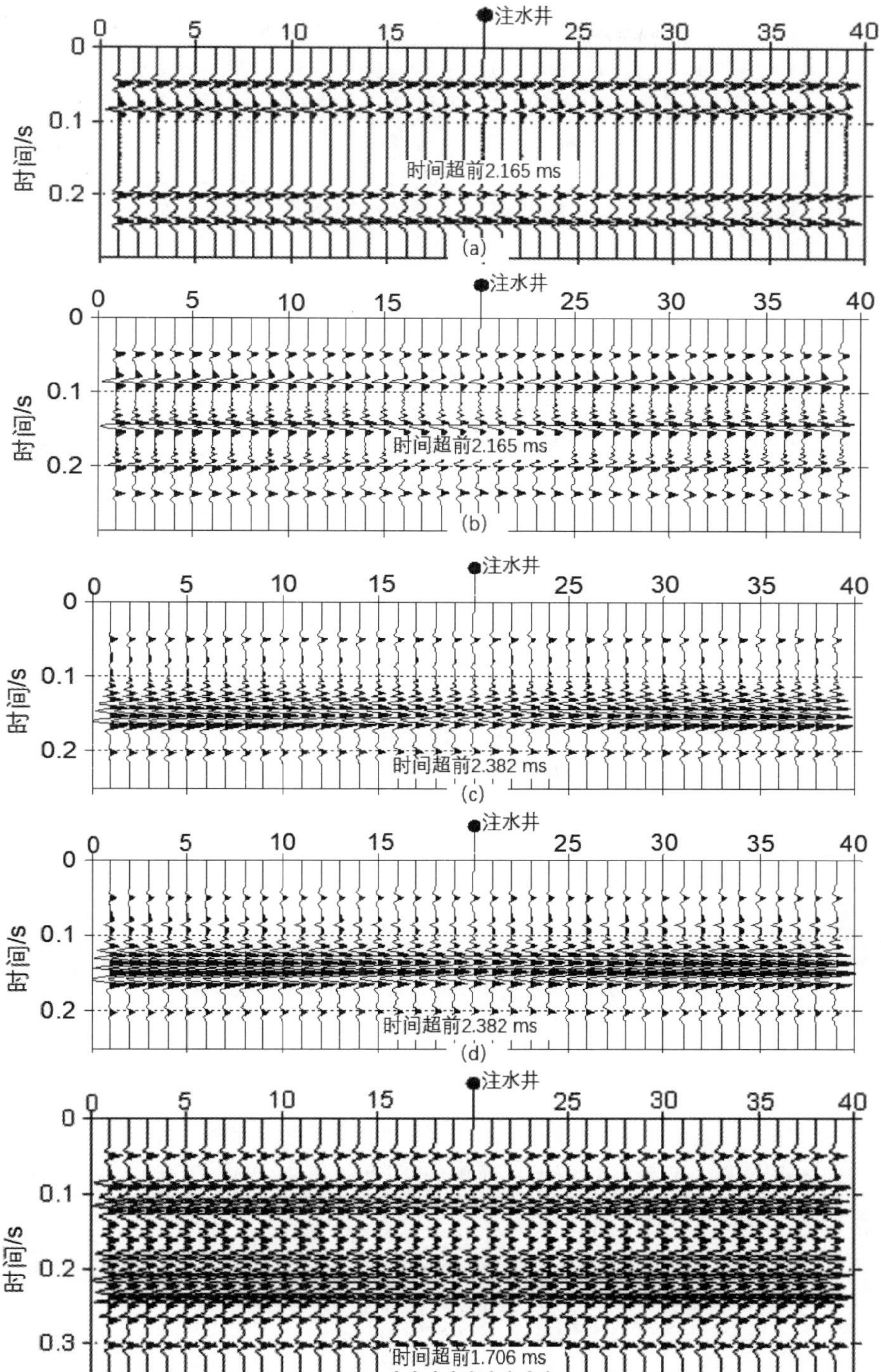

图 4.2.3　不等厚互层模型注水后地震响应

（a）MN1；（b）MN2；（c）MN3；（d）MN4；（e）MN5

首先，假定注水后互层内各单层砂岩中注水推进速度相同，注水前缘位置一致，见图 4.2.1。相应于表 4.2.2 和表 4.2.3 模型的注水后合成地震响应如图 4.2.2 和表 4.2.3 所示。模拟计算所用反射子波的主频为 70 Hz。

由图可见，不论是单层、等厚互层还是不等厚互层，尽管注水地震响应不完全相同，但有两点是一致的：

（1）振幅变化。在注水波及区内反射振幅随含水饱和度的增加而减弱。在注水井附近表现为一个明显的弱振幅异常区。

（2）同相轴抬升。由于注水过程中水置换原始孔隙中的原油，从而导致砂岩储层的可压缩性减小，体积模量增大，进而引起砂岩速度的增加以至出现了时间超前现象，即同相轴抬升。

进一步对比分析各图发现，互层底部反射同相轴抬升幅度的大小主要取决于互层中存在孔隙流体变化的砂岩总厚度的大小，而不是互层的总厚度。一般，存在孔隙流体变化的砂岩累计厚度越大，同相轴抬升越明显，注水地震监测越容易实现。

为了模拟不同时间的注水地震响应，选用类似表 4.2.3 中 MN4 的不等厚薄互层模型，但砂岩厚度按 1~5 m 的周期顺序递增，而泥岩厚度则按 1~10 m 的周期顺序递增。砂岩累计厚度为 60 m，互层累计厚度为 160 m。分别制作了相应于注水前以及注水后 T_1、T_2、T_3 三个不同注水时期的合成地震响应，如图 4.2.4 所示。这里三个不同的注水时刻预示着三种不同的注水波及范围。对比注水前后各剖面不难看出，随注水波及范围的扩大，剖面内弱振幅区的横向分布范围也不断扩大，且振幅变化较为显著。与此同时，同相轴抬升的范围也随之扩大。这说明利用地震方法监测注水前缘动态范围是可能的。

此外，如果能确定不同方向若干时刻注水前缘的位置，则利用注水前缘离开注水井距离的大小便可确定注水前缘推进的方向，由下式（4.2.1）可粗略地估算出沿不同方向注水前缘的推进速度。

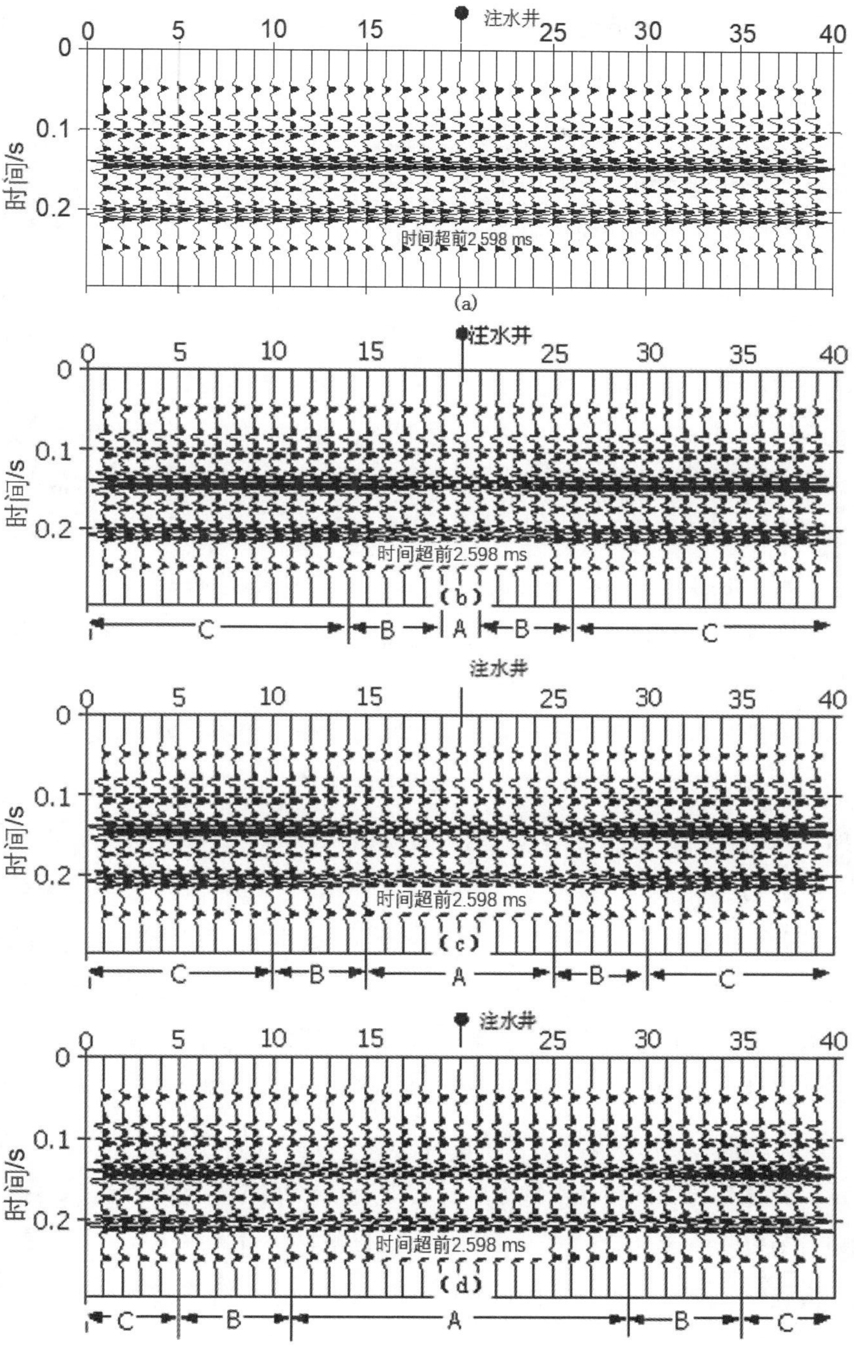

A：S_w=85%，水淹区；B：S_w递变，过渡区；C：S_w=35%，油层

（a）注水前；（b）注水后 T_1时刻；（c）注水后 T_2时刻；（d）注水后 T_3时刻

图 4.2.4　注水不同时刻地震响应（原始含油饱和度 65%，$T_1 < T_2 < T_3$）

$$V_x = (S_2 - S_1)/(T_2 - T_1) \quad （4.2.1）$$

式中，S_1、S_2分别表示沿 x 方向相应于 T_1、T_2时刻的注水前缘的位置；V_x为推进速度。

在注水强化开采过程中，由于薄互层内各层物性的差异，注水前缘推进的速度以及前缘位置不可能如前述假设条件那样。因此，为了说明注水波及范围分层各异情形下地震响应的变化特点，在图 4.2.4 不等厚互层模型的基础上分别就三种不同的情形制作了合成地震响应，见图 4.2.5。其中，图 4.2.5（a）的模型是假定互层内奇数砂岩层注水波及范围较小，注水前缘位置在 8~32 道之间，而偶数层注水波及范围较大，注水前缘位于 4~36 道之间。图 4.2.4（b）的假设条件与图 4.2.5（a）恰恰相反（前后对调）。图 4.2.5（c）则假定依砂岩层序号注水波及范围顺次为：第一层为 8~32 道，第二层为 5~35 道，第三层为 2~38 道，第四层又为 5~35 道，第五层为 8~32 道，第六层为 5~35 道，……，依次类推。

尽管实际注水过程也未必真的按上述方式变化，但我们的目的只是想说明这种变化是否会引起足够的地震响应变化，而并非在于变化本身。由图 4.2.5 可见，三条剖面的地震响应几乎没有什么明显的差异，但剖面中反射振幅的横向变化是存在的。这说明要揭示薄互层中某一单层内注水前缘的变化是困难的。然而，根据剖面地震响应的变化定性地判定大套地层中注水前缘的位置及注水波及范围的变化是可能的。

图 4.2.6 给出了与表 4.2.2 中等厚互层模型 M4 具有相同结构但砂泥岩阻抗关系不同的合成地震响应。很显然，若互层内砂泥岩阻抗关系不同，剖面反射特征也不相同。这突出地表现在反射振幅的变化上。若泥岩的波阻抗值高于含水砂岩（S_w=85%）的波阻抗，剖面表现为反射振幅随含水饱和度的增加而减弱[图 4.2.6（a）]；若泥岩的波阻抗值低于含油砂岩（S_o=65%）的波阻抗，则反射振幅表现为相反的变化趋势，即随含水饱和度的增加反射振幅减弱[图 4.2.6（c）]；若泥岩的波阻抗值介于含水和含油砂岩之间，则除反射振幅有强弱变化外，还突出表现为反射波极性反转或波形变化[图 4.2.6（b）]。总之，在注水监测过程中，不应当笼统地把反射振幅的强弱作为判别注水动态的唯一标志，而应具体问题具体分析。

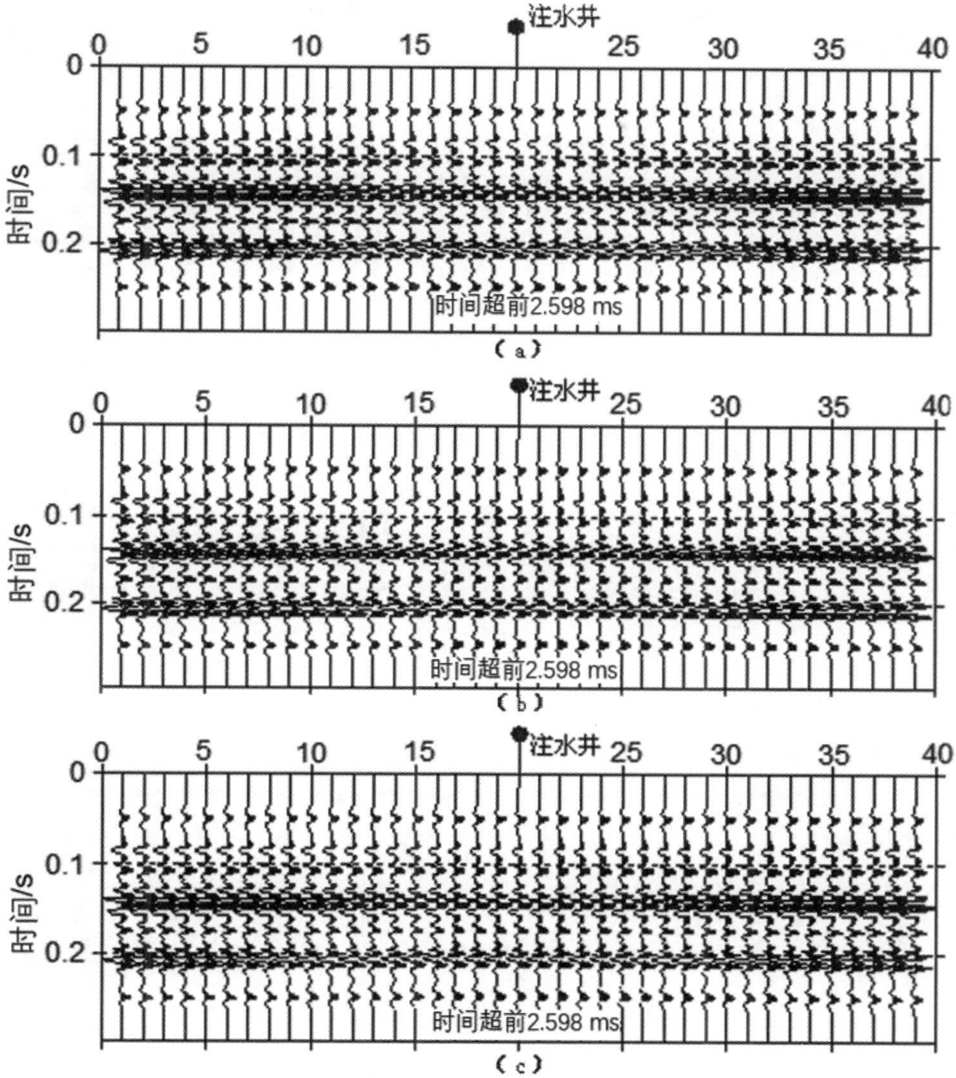

图 4.2.5 注水波及范围分层各异的地震响应

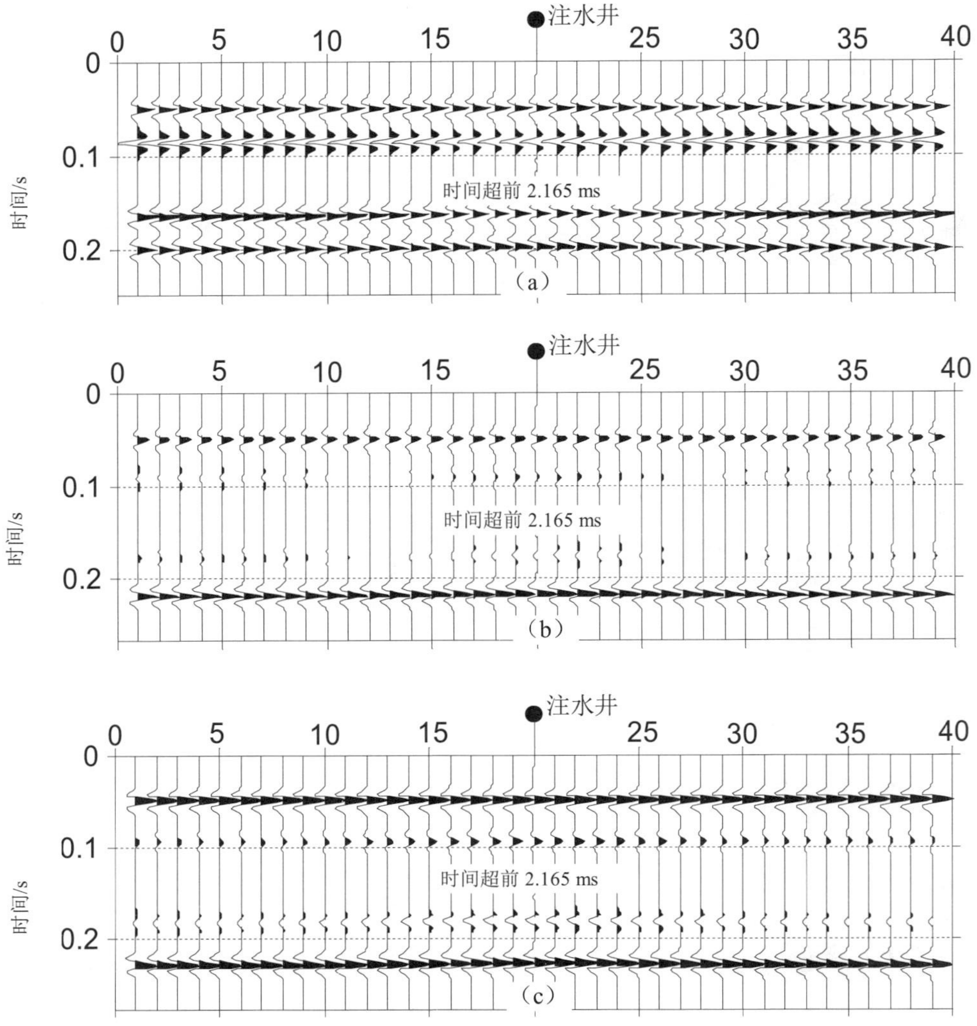

图 4.2.6 不同砂、泥岩波阻抗关系的地震响应

（a）$Z_{泥}>Z_{砂}$（S_w=85%）； （b）$Z_{砂}$（S_w=85%）<$Z_{泥}$<$Z_{砂}$（S_o=65%）；
（c）$Z_{泥}<Z_{砂}$（S_o=65%）

第三节　固结砂岩油藏注水地震响应

一般来说，除少数埋深较浅的未固结高孔隙砂岩储层外，大多数砂岩储层为固结砂岩，特别是我国的绝大部分陆相砂岩储层，不仅单层厚度薄，而且相当一部分埋深均在 3 000 m 以上，岩石的固结性较好，孔隙流体的影响较弱。因此，讨论固结岩石注水地震监测的可行性对我国实施注水时移地震监测意义更为深远。

在上一节未固结高孔隙砂岩注水地震响应的讨论中，我们只考虑了流体替换的影响，事实上，除流体替换外，由于注采所引起的储层温度、压力及孔隙度等的变化对地震响应同样也有影响，有时甚至是非常明显的影响。换句话说，注水地震异常是各种影响因素共同作用的结果，是一种综合效应。通常人们认为注水开发过程中温度、压力的变化不大，因而大多只注重流体替换的影响，而忽略储层温度、压力变化的影响。诚然，温度、压力并不是决定岩石弹性特性的关键因素，但相对于孔隙流体而言，其对岩石弹性特性的影响近乎处于同等水平。也就是说，温度、压力的微弱变化对注水地震监测同样具有非常重要的意义。更何况目前关于温度、压力的变化对储层地震响应的影响究竟有多大一直还没有一个明确的结论。本节将以太平屯油田储层结构为例，通过正演模拟分析着重讨论固结砂岩油藏的注水地震响应，并对比分析流体替换、温度与压力的变化对注水地震监测的影响。

一、太平屯油田地质与储层特征概述

太平屯油田是松辽盆地中央凹陷区大庆长垣二级构造带南部的一个三级构造。该油田是被断层复杂化了的构造油藏。地层倾角较小，仅 3º~5º。其主要开发目的层为下白垩统姚家组葡一组油层。油层上下均为分布稳定的大段黑色泥岩，厚度为 50~60 m。葡一组油层为薄互层，可分为三个砂岩组，即葡I1~5、I6~8、I9~11。太北为 12 个小层，太南为 11 个小层。沉积类型为三角洲分流平原相，即三角洲内前缘相和三角洲外前缘相。油层单层厚度薄，泥质含量高，物性较差。

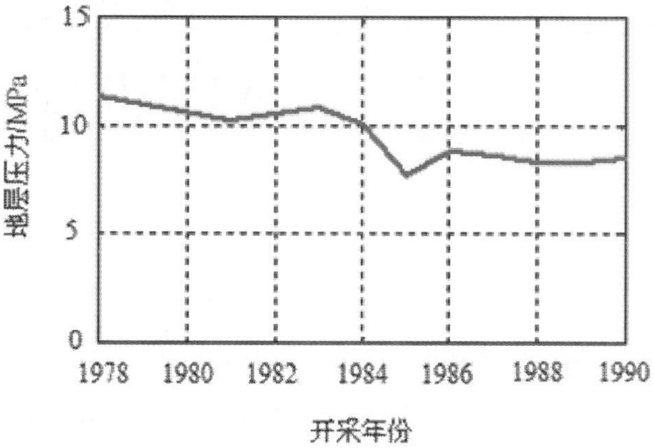

图 4.3.1　地层压力变化曲线

储油层岩性主要由粉砂岩—细砂岩组成，且均为泥质胶结。泥质含量为 11.6%，有效孔隙度平均为 23.2%。空气渗透率平均为 $291\times10^{-3}\ \mu m^2$。

太平屯油田大部分属于油水过渡带，地面原油密度为 0.85 g/cm^3，地下原油黏度为 5.8 mPa·s，原始气油比为 39.9 m^3/t，饱和压力为 6.8 MPa。地层水性质属重碳酸钠型（$NaHCO_3$），总矿化度为 9 094 mg/L。

太平屯油田于 1978 年 6 月完成开发方案的编制，采用 450 m 反九点法面积注水开采。1978 年 10 月与 1981 年 11 月先后在太北和太南投入生产。太北地区，投产初期以抽油方式为主，部分油井自喷开采。到 1985 年所有自喷井转抽，实现全面抽油开采；太南地区从投产开始就全部采用机械抽油方式开采。截止到 1990 年底，全油田投产油水井 392 口，其中机械采油井 276 口，注水井 116 口。累积注水 $1\ 515.48\times10^4\ m^3$，累积产油 580.6×10^4 t。地层压力变化曲线如图 4.3.1 所示。由该图不难看出，随着油田的不断开采，地层压力总体上呈下降趋势。从 1978 年投产到 1990 年地层压力共降低约 4 MPa。

二、地质模型

在认真分析太平屯油田储层地质特性以及采油工艺的基础上，结合太 30 井的测井资料建立了如表 4.3.1 所示的薄互层注水模拟地质模型。由于注水开采过程中，注水井井底流动压力一般要求不高于油层中部破裂压力，经简单估算，葡一组地层破裂压力范围在 17 MPa 以上，因此在模型中取注水井处地层压力（即井底流动压力）为 16 MPa。此外，根据采油井中地层压力的下降在不低于饱和压力的情况下越低越好的开发要求，取为 7 MPa。假定注水后残余油饱和度为 15%。

为了增加模拟结果与实际地震资料的可对比性与可靠性，表 4.3.1 中储层段各小层的物性参数均是由太 30 井的实际测井资料确定的。储层段砂岩累积厚度为 14.8 m，扣除三个干层和两个低饱和度油层后，真正存在参数变化的砂岩累积厚度为 6.8 m。单层厚度最大为 2.0 m，最小为 0.8 m。砂泥岩互层中泥岩的速度、密度与上下围岩相同。模型中浅层/泥岩及泥岩/深层两个反射界面是为了更好地对比分析储层注水前后的地震特性的变化，以及注水对储层上、下反射界面的影响而设计的。这两个标准反射层也可作为互均化处理中的控制层。由于该区地层倾角较小，所以模型中假定各层均为水平地层，同时假定注水前储层横向为均匀地层。图 4.3.2 中示意性地给出了单一薄层注水后储层中孔隙度、含油饱和度、泥质含量、注入水饱和度、温度和压力的横向变化曲线，以及注水井、生产井的相对位置。其他各层的变化规律与此相同。

表 4.3.1　注水井处注水前、后地层特性变化

	深度/m	注水前					注水后		
		速度/（m/s）	密度/（g/cm^3）	含油饱和度/%	温度/℃	压力/MPa	含油饱和度/%	温度/℃	压力/MPa
浅层	~1 088.8	2 428.0	2.1				不变		
泥岩	1 138.8	2 770.9	2.25				不变		
互层砂岩	1 139.6	3 424.7	2.36	20	52.99	11.36	15	25	16
	1 140.8~1 142.0	3 349.0	2.24	76	53.10	11.36	15	25	16
	1 145.6~1 146.2	3 386.7	2.32	16	53.33	11.37	—	—	—
	11.480~1 150.0	3 313.0	2.25	70	53.49	11.38	15	25	16
	1 161.2~1 162.0	3 386.7	2.37	0	—	—	—	—	—
	1 167.0~1 168.6	3 386.7	2.30	40	54.45	11.42	15	25	16
	1 172.0~1 174.4	3 349.5	2.40	18	54.72	11.43	—	—	—
	1 181.4~1 182.6	3 810.0	2.40	0	—	—	—	—	—
	1 183.6~1 184.8	3 349.5	2.28	30	55.29	11.45	15	25	16
	1 187.2~1 190.2	3 386.7	2.40	0	—	—	—	—	—
泥岩	1 240.2	2 770.9	2.25				不变		
深层	—	3 241.5	2.35				不变		

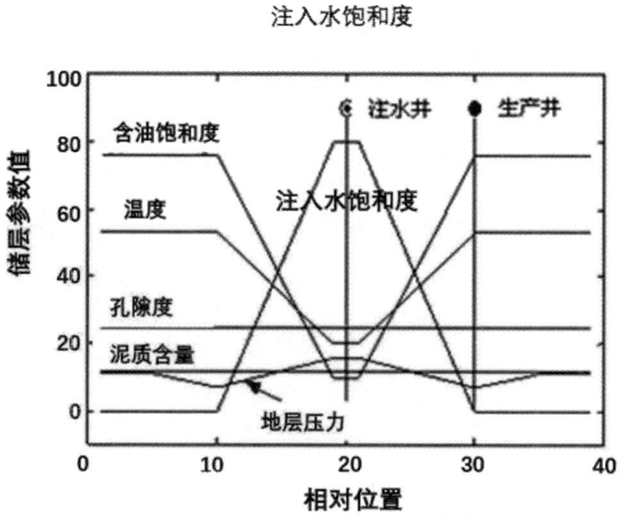

图 4.3.2　注水后储层参数横向变化曲线示意

由于所研究工区内地震资料的频带宽度为 9~108 Hz，主频为 60~80 Hz，所以模拟计算中仍采用主频为 70 Hz 的 Ricker 子波。

三、模拟结果分析

为了对由于注水而引起的流体替换，即含油饱和度的变化，以及地层温度、压力变化对地震响应的影响有一个清楚的认识，下面将分别就各种情形下地震响应的变化进行单独分析，然后再对各种因素的综合影响进行集中描述。

图 4.3.3 是根据上述地质模型计算得到的注水前合成地震响应。由于在模型设计中假定了注水前模型中的温度、压力以及含油饱和度均保持在原始储层未开发状态，且横向一致，因此剖面中反射波也表现为横向一致。

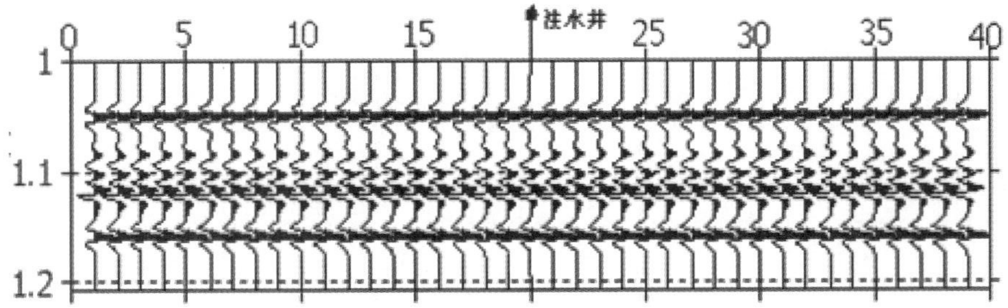

图 4.3.3　注水前合成地震响应

假定注水过程中地层温度、压力不变，而只有流体替换发生，相应的合成地震记录显示在图 4.3.4 中。为了便于分析，图中同时给出了注水后与注水前的地震差异剖面及差异剖面各道的均方根振幅变化曲线。对比注水前、后的合成记录及相应的差值剖面不难看出，由于薄互层内各小层反射波的相互干涉，要想对每一小层反射特征的变化进行分析是不可能的。就注水前、后的剖面而言，二者似乎是一致的。但差异剖面表明，由孔隙流体替换引起的反射振幅异常是确实存在的，只是异常的幅值与注水前、后剖面的反射振幅值相比要低得多。就本图而言，由流体替换引起的最大均方根振幅变化约为储层反射振幅值的 4.1%，注水地震差异剖面的振幅极大值约为注水前、后剖面反射振幅极大值的 5.4%。

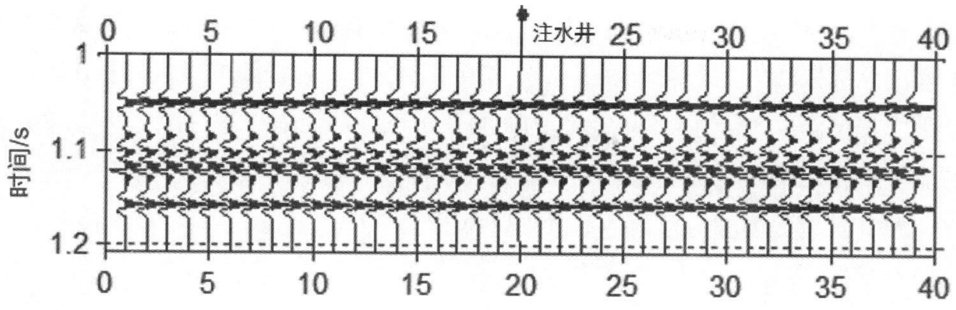

最大振幅值：01002　　满刻度值：0.1

（a）注水后地震剖面

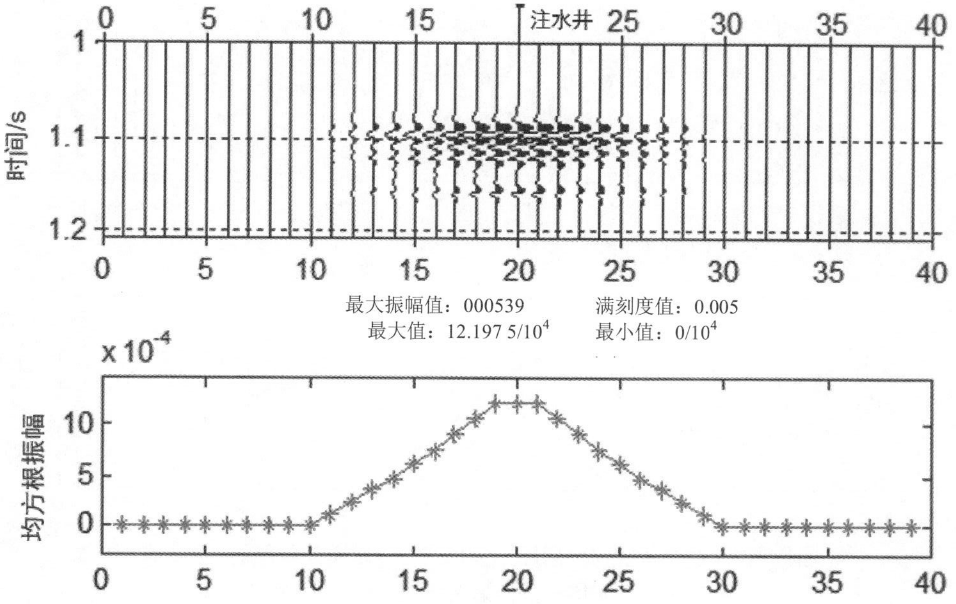

最大振幅值：000539　　满刻度值：0.005

最大值：12.197 5/10^4　　最小值：0/10^4

（b）地震差异剖面（上）均方根振幅曲线（下）

图 4.3.4　流体替换对注水地震响应的影响

在注水驱油过程中，地表冷水注入地下温热的油藏中必然会引起油藏温度的变化，而油藏开发及高压注水也势必会引起地层压力的变化，因此，流体替换与温度、压力的变化是同时存在的。当假定地层温度不变时，图 4.3.5 显示了由注水引起的压力异常剖面及相应的均方根振幅曲线。同理，当假定地层压力不变时，相应的温度异常剖面如图 4.3.6 所示。由于注水所显示的温度、压力变化与流体替换是不可分割的，因此这两个图中同时包含了流体替换对地震响应的影响。当扣除流体替换的影响时，单纯由地层压力或温度变化所引起的地震异常较流体替换所引起的异常要小。对于约 5 MPa 的地层压力变化，相应的地震异常约为注水前储层反射振幅的 1.5%；而对于约 30 ℃的温度变化，相应的地震异常也仅为注水前储层反射振幅的 3.5%。若将异常极大值与注水前反射振幅的极大值相比较，则单纯由地层温度、压力的变化引起的振幅变化分别约为 1.3%和 2.7%。尽管 30 ℃的温度变化对所研究的工区来说可能偏大了一些，但由注水引起的温度、压力的变化及其对地震响应的影响是不容忽视的。

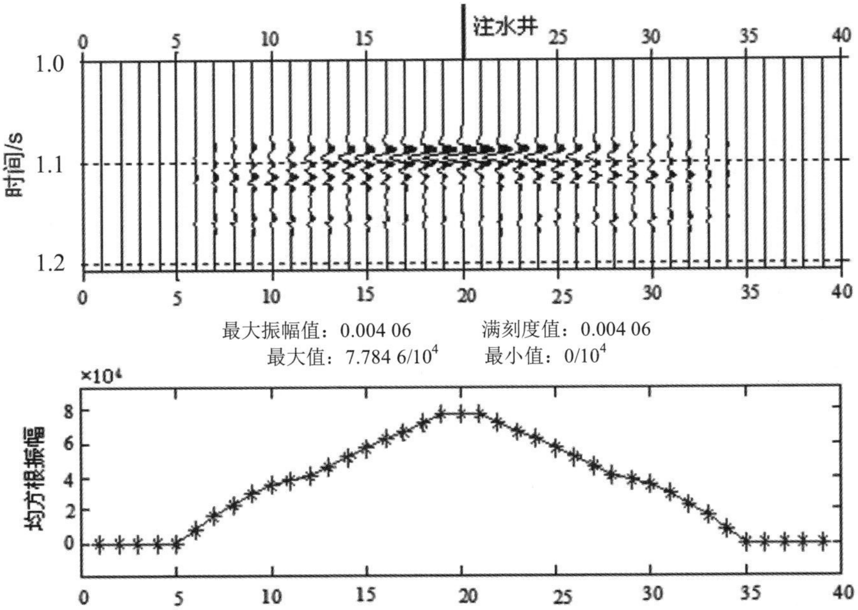

图 4.3.5　流体替换与地层压力变化产生的地震差异剖面（上）与均方根振幅曲线（下）

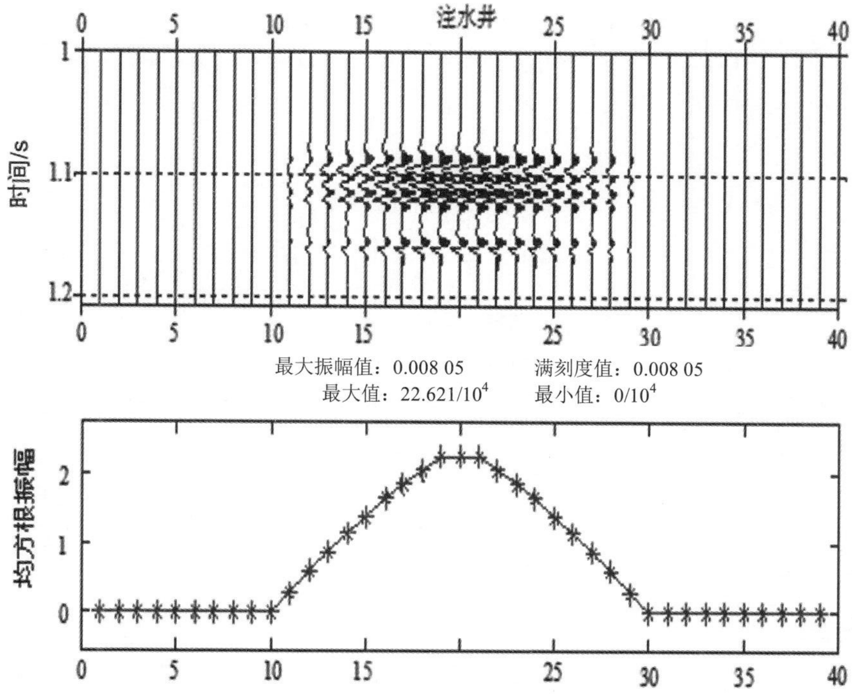

图 4.3.6　流体替换与地层温度变化产生的地震差异剖面（上）与均方根振幅曲线（下）

进一步将图 4.3.5、图 4.3.6 与图 4.3.4 对比分析不难看出，由注水引起的温度、压力的变化对地震响应的影响是相反的。这主要表现为图 4.3.5 中的振幅减小和图 4.3.6 中的振幅增大。就 5 MPa 的压力变化与 5 ℃的温度变化相比，由压力变化引起的地震响应的变化要比温度的变化大。所以当压力、温度变化均不太大时，压力与温度的影响会相互抵消一部分，其综合影响可能会较小。从这个意义上讲，温度与压力的影响可以不予考虑。但这并不是说温度、压力的影响不重要。对于具体的问题应具体分析，不可一概而论。

图 4.3.7 显示了流体替换以及温度、压力变化对地震响应的综合影响。不难看出，由这三个因素共同作用所引起的均方根振幅异常约为注水前反射振幅的 5.6%。异常剖面中的最大振幅异常约为注水前振幅最大值的 6.7%。与仅考虑流体替换情形的地震差异剖面（图 4.3.4）相比，均方根振幅异常幅度提高了仅 1.5%，最大振幅异常幅度提高了 1.3%，二者基本上是相当的。这再一次说明由温度、压力的变化引起的振幅异常是比较小的，甚至可以忽略。但认真对比两个剖面可以

看到，二者的反射特征是不同的，特别是振幅异常的横向分布范围是截然不同的。这说明温度、压力的影响是确实存在的。要准确地揭示注水地震响应的变化，就必须认真对待影响注水地震响应的各个因素，而不是简单地取舍。

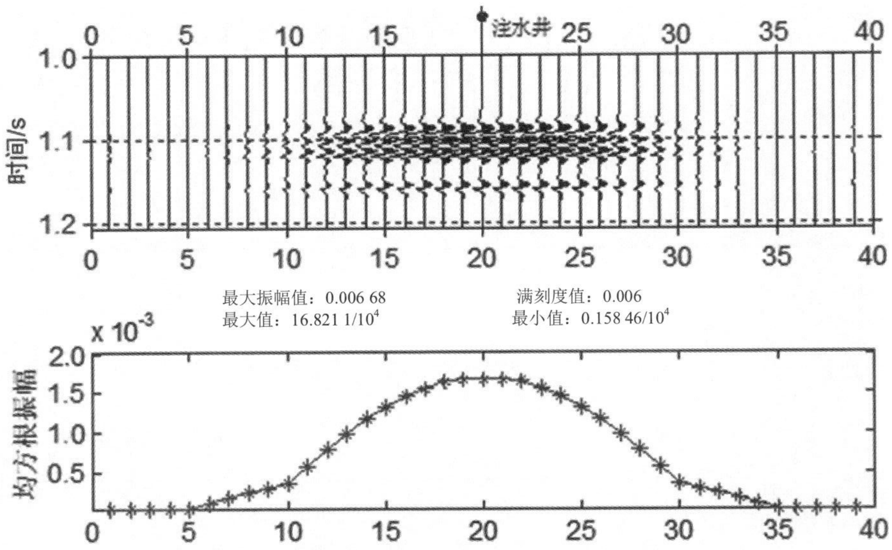

图 4.3.7 综合地震差异剖面（上）与均方根振幅曲线（下）

上面的分析主要是从油藏生产的动态特征出发来考虑问题的。模型中储层的压力变化参数的选取主要是根据油田开发过程中的流动压力来确定的，其并非通常意义上的地层压力概念。就太平屯油田而言，在油藏开采的动态过程中，注水井处的流动压力确实高于实际的地层压力，但就整个油藏开采史而言，地层压力是下降的。如前所述，从 1978 年投产到 1990 年地层压力下降约 4 MPa。地层压力的下降将导致储层压实，储层孔隙度减小。从这个意义上讲，储层压力的变化对于确定注水波及范围或识别剩余油的分布是非常有利的。当计算地层压力下降所引起的储层孔隙度降低（前面的模拟中未考虑孔隙度的变化）时，图 4.3.8 给出了相应的地震差异剖面。

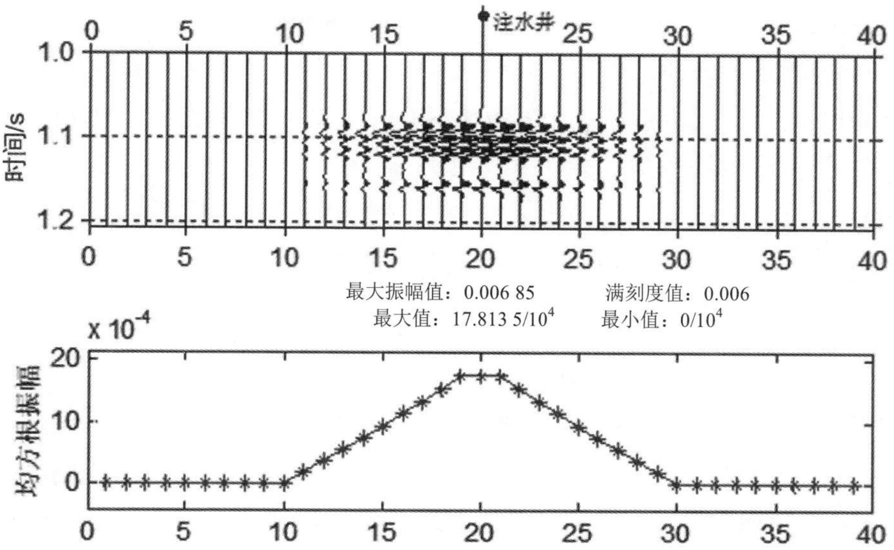

图 4.3.8 地层压力降低对地震响应的影响

由图 4.3.8 可见，由地层压力的下降引起的地震响应的变化叠加到了流体替换的影响上，使得地震差异剖面的反射振幅增强。其均方根振幅异常约为注水前反射振幅的 6.7%。异常剖面中的最大振幅异常约为注水前振幅最大值的 6.9%。压力的作用使得均方根振幅异常增加约 2.6%，使剖面最大振幅增加约 1.5%。相应的地震差异剖面中，振幅异常比图 4.3.7 综合地震差异剖面还要强。可见，压力的影响有可能使得地震监测更易于实现。虽然模拟计算中考虑了孔隙度的变化对地震响应的影响，但孔隙度的变化很小，不足 1%，其影响基本上可以忽略。

此外，除储层本身反射特征的变化外，储层内部地震特性的变化必然会引起其下伏地层反射特征的变化。对于注水前地震剖面中目的层下部 1.15 s 的反射同相轴而言，注水后储层的变化使得其在注水后的地震差异剖面中均表现为较强的振幅异常，这在前面各个注水后差异剖面中均可以看到。因此，对于注水地震监测而言，其不失为一个良好的辅助监测标志。之所以会出现这种情况，是由于上覆储层中地震特性的变化造成了同一反射界面在注水前后出现了微小的时间差。当时差较大时，除振幅变化外，还会出现同相轴的弯曲，如未固结砂岩注水地震响应中的同相轴抬升或时间超前。

然而，在上述固结砂岩注水地震响应的分析中并未发现时间超前现象。这是由于固结砂岩模型中真正存在储层参数变化的砂岩累积厚度仅为 6.8 m，其远远低于未固结砂岩模型中 50 m 以上的储层厚度变化。即使在这 6.8 m 的厚度内，单层流体饱和度变化最大为 60%，最小仅为 5%。因此，时间超前现象很弱，最大不超过 0.1 ms，在注水后剖面上根本反映不出来。事实上，反射振幅的变化也只有在地震差异剖面中才能看到。

综上所述，由注水引起的流体替换以及地层温度、压力的变化均会造成不同程度的地震响应的变化。相比之下，由流体替换引起的地震异常为最大。由注水引起的储层温度降低与压力的增加对地震响应的影响是互相抑制的。当温度、压力的变化不大时，其对地震响应的影响可以忽略不计。然而，由油藏开采引起的压力降低与储层压实对地震响应的影响将附加在流体替换的影响上，增强注水地震异常，对监测是有利的。可以肯定地说，在注水过程中，流体替换、温度、压力的影响是同时存在的，任何将这三者简单地割裂开来进行研究的做法都是片面的、不切合实际的。对于实际的研究工区，应在认真分析研究的前提下决定对温度、压力变化影响的取舍。此外，对注水地震监测而言，除储层本身地震特征的变化外，下伏地层反射特征的变化同样可能会成为良好的监测标志。要想取得良好的地震监测效果，不仅要求流体饱和度要大，而且更要求储层的孔隙度和厚度要足够大。相比之下，高孔隙未固结砂岩注水地震监测更易于实现。

第四节 信噪比与分辨率对注水地震响应的影响

从前面几节的分析中已经看到，注水确实可以造成地震响应的变化，但在固结砂岩储层内注水导致的地震异常与注水前、后反射波的振幅相比要小得多。在理想的无噪声状态下，只要异常是存在的，不论其多么弱小，人们总是可以无限制地放大异常显示比例，使得异常可以识别，进而也就可以利用异常的变化特点来确定注入流体的运动状态。但实际地震记录中噪声无处不在，无论采用怎样的处理手段和方法都只能将噪声的影响减弱，而不可能将其完全消除。此外，地震资料分辨率也必然会影响注水地震监测的效果。由于地震资料的分辨率主要取决于地震子波的主频与带宽，因此，本节将着重讨论噪声和主频对注水地震监测的影响。

一、噪声与注水监测

1. 信噪比定义

在地震勘探中，通常是利用信噪比来衡量地震记录中噪声的强弱的。李庆忠（1994）曾定义视觉信噪比 $VISNR$ 为：

$$VISNR = \frac{\sum A_X(f)R_S(f)}{\sum A_X(f)R_N(f)} \tag{4.4.1}$$

$$R_S(f) = \frac{A_S(f)}{A_S(f) + A_N(f)}$$

$$R_N(f) = 1 - R_S(f)$$

式中，$A_X(f)$ 是信号加噪声道，即地震道的振幅谱；$R_S(f)$，$R_N(f)$ 分别为频域含信比和频域含噪比；$A_S(f)$，$A_N(f)$ 分别为信号振幅谱和噪声振幅谱。

根据频谱定理，地震道的振幅谱实际上是有效信号的振幅谱与噪声振幅谱的和。用公式表示为

$$A_X(f) = A_S(f) + A_N(f) \tag{4.4.2}$$

将上式代入式（4.4.1）整理得

$$VISNR = \frac{\sum A_S(f)}{\sum A_N(f)} \tag{4.4.3}$$

上式表明，视觉信噪比实际上是有效信号与噪声的振幅谱的累加和的比值。从式（4.4.1）不难看出，它是针对单一地震道定义的。为了说明噪声对注水地震监测的影响，这里同样采用了视觉信噪比的概念，并将这一概念从单一地震道扩展为整个地震剖面。而且定义剖面视觉信噪比为全剖面有效信号与噪声的振幅谱累加和的比，用公式表示为

$$VISNR = \frac{\sum\sum A_S(f)}{\sum\sum A_N(f)} \tag{4.4.4}$$

式中，$\sum\sum A_S(f)$ 表示剖面中所有有效信号振幅谱的累加和；$\sum\sum A_N(f)$ 表示剖面中所有噪声信号振幅谱的累加和。

2. 噪声特性

为了反映噪声对注水地震监测的影响，这里采用了高斯分布随机噪声。其记录特性和频率特性如图 4.4.1 所示。

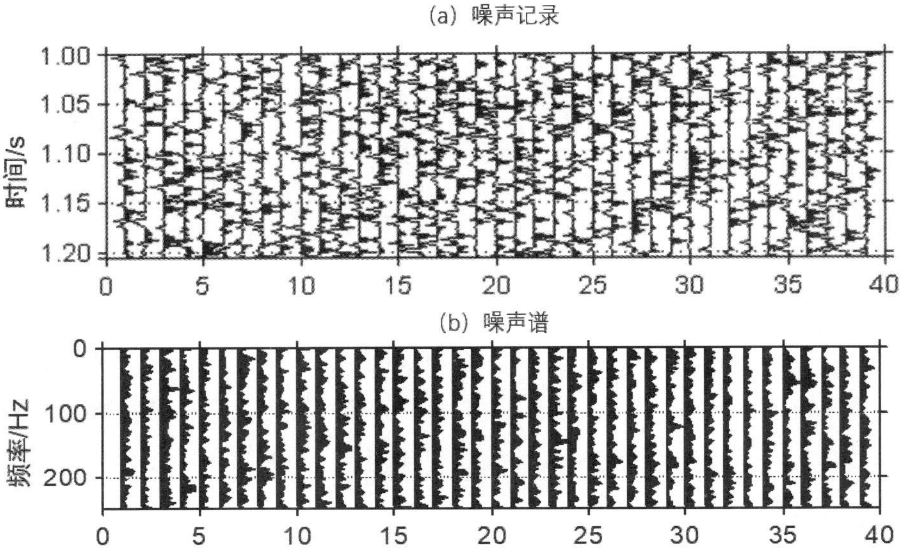

图 4.4.1　高斯分布随机噪声

3. 噪声对注水监测可行性的影响

正如本节开始所讲的那样，在地震资料处理过程中，无论采用怎样的措施来压制噪声，都不可能将地震记录中的噪声完全消除。换句话说，地震记录中总是有一定的残留噪声存在。不论我们知道与否，任何一个实际地震剖面都将具有一定的信噪比。这里所要研究的正是这种残留噪声对注水地震异常可监测性的影响，也就是说，注水前与注水后地震剖面中应具有多大的信噪比才能够使得注水后与注水前在差异剖面中获得理想的可识别的地震异常。

当假定注水使得地层孔隙流体、温度、压力均发生变化时，图 4.4.2 给出了太平屯固结砂岩地质模型注水前、后的合成地震记录剖面及其差异剖面。模拟计算过程中假定了注水前、后合成地震剖面的信噪比为 5。显然，就注水前、后地震剖面而言，剖面中同相轴较为清晰，噪声水平也不高，不失为一个理想的地震剖面。然而在注水地震异常剖面中[图 4.4.2（c）]，能够看到的几乎全部是噪声。这表明如果注水前、后地震剖面的信噪比不高于 5，要想利用这些剖面来识别注水地震异常是很困难的。这一结论至少对我们所研究的工区来说可以认为是正确的。

当注水前、后合成地震剖面的信噪比为 15 时，图 4.4.3 给出了相应的合成地震记录剖面与差异剖面。不难看出，在这种情形下，注水前、后的合成地震剖面与图 4.4.2 相比似乎并未有太多的改善，但在差异剖面中却可以看到微弱的异常显示。由此我们可以说，当注水前、后地震剖面的信噪比大于等于 15 时，注水地震异常是可视的，至少差异地震剖面可以说明异常的存在。但不可否认，此时地震异常是很微弱的，要利用如此微弱的异常来揭示储层内孔隙流体的动态变化仍然是非常困难的。

图 4.4.4 是在假定注水前、后剖面的信噪比为 25 时，所得到的差异地震剖面。显然，当注水前、后地震剖面的信噪比高于 25 时，注水地震异常剖面与理想状态下的注水地震异常剖面（图 4.3.7）非常相似。此时，地震异常足可以用来反映孔隙流体的动态变化。综合利用剖面本身的反射特征与均方根振幅曲线，不仅可帮助判定注水前缘的位置，而且可确定注水波及范围。但遗憾的是，目前地震剖面很难达到如此高的信噪比。就太平屯油田的实际地震资料而言，其信噪比仅在 3 左右，要监测注水动态谈何容易。

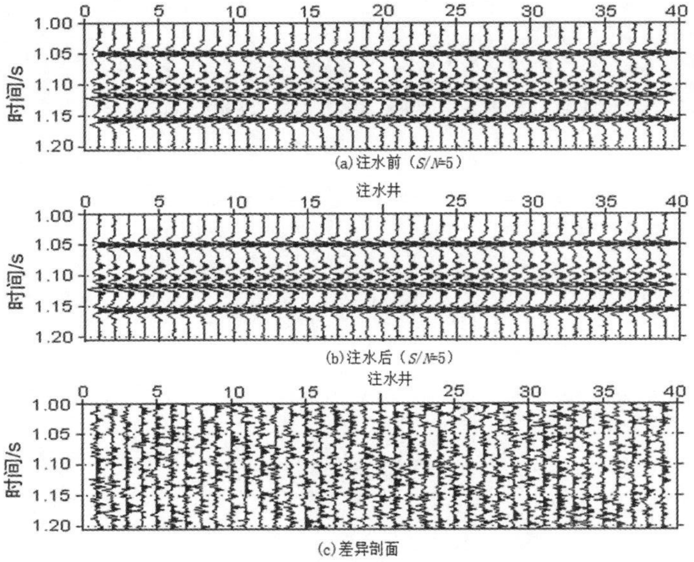

图 4.4.2　注水地质模型带噪声地震响应（异常不可见）

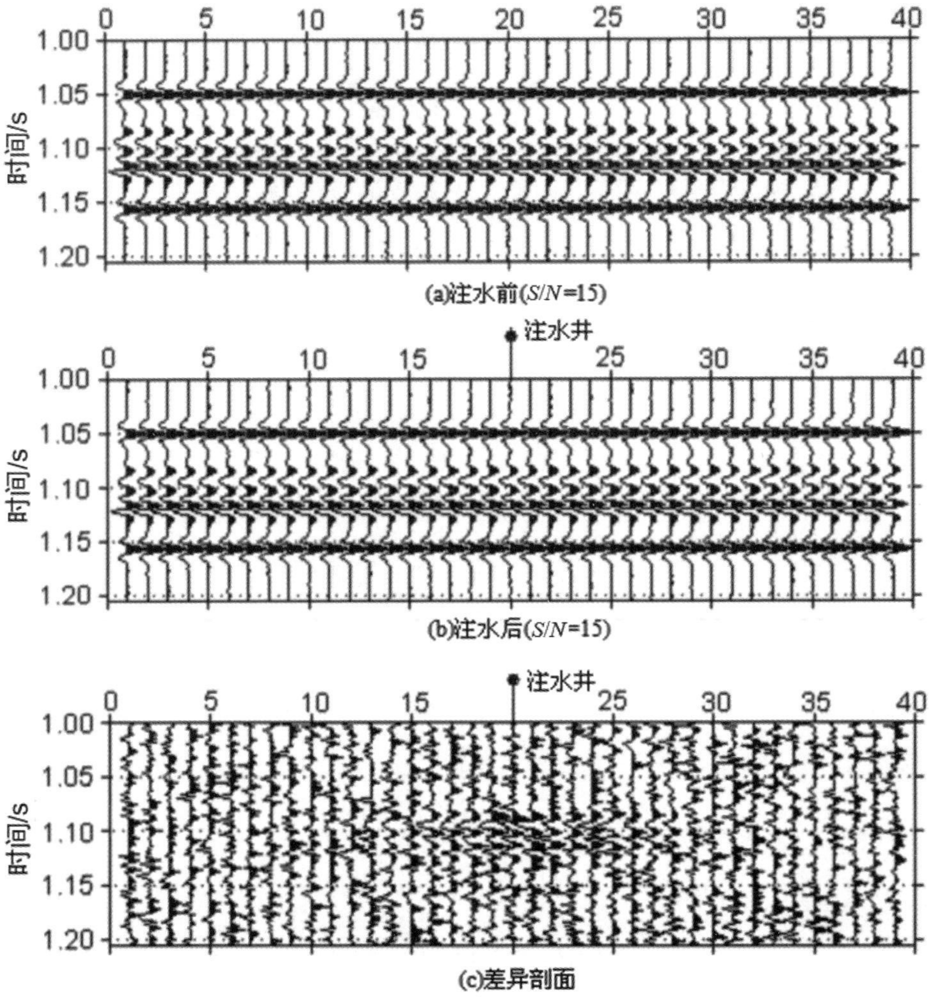

图 4.4.3　注水地质模型带噪声地震响应（异常可见）

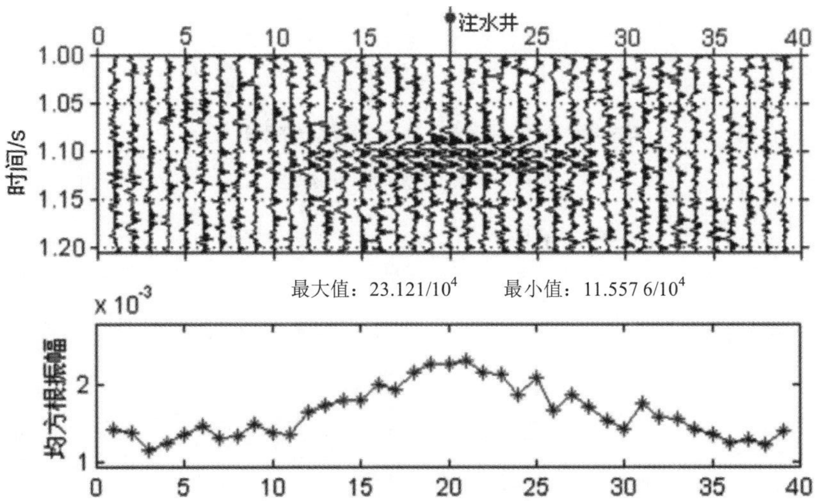

图 4.4.4　注水前、后剖面 S/N=25 情况下的地震差异剖面（上）与均方根振幅曲线（下）

得到这样的结果应当说是意料中的事。因为从上一节的分析已经知道，由注水所引起的振幅异常仅为注水前剖面反射振幅的 5%左右。要想使这微弱的异常在有噪声的剖面中得以显现，剖面中噪声的水平至多应当是与注水振幅异常幅度为同一数量级。因此，剖面的信噪比就不可能太低。要降低监测对信噪比的要求，剖面中的注水地震异常就必须足够大。图 4.4.5 是在假定注水前、后剖面的信噪比为 2 时，利用图 4.2.4（a）和图 4.2.4（c）相应的未固结砂岩模型模拟得到的含噪声注水地震响应剖面及其差异剖面。显然，不论是在注水后剖面还是在差异剖面中，注水地震异常均清晰可见，这说明注水地震监测对基础地震剖面与监测地震剖面信噪比的要求是相对的。

4. 讨论

从上面的分析不难看出，当有噪声存在时，监测能否进行与注水前、后两次地震测量剖面的信噪比有密切的关系。原则上，地震资料的信噪比越高越有利于监测的进行。就太平屯固结砂岩模型而言，当剖面信噪比低于 15 时，在地震差异剖面中，注水地震异常几乎完全淹没在噪声中，此时，进行注水地震监测实现起来是比较困难的，甚至是不可能的。当注水前、后两次地震测量剖面的信噪比高于 15 时，在地震差异剖面中可以反映出注水地震异常的存在，但由于异常相对较弱，还不足以用来揭示孔隙流体的动态变化。只有当注水前、后剖面信噪比高于 25（或至少高于 20）时，利用地震差异剖面来分析研究注水动态变化，识别注水前缘位置，判定注水波及范围等也许才是可行的。

此外，决定注水地震监测能否顺利实施的关键是地震异常本身的强弱与地震资料的可重复性或一致性。若地震资料的可重复性足够好，那么，信噪比的高低与注水地震异常的关系是相对的。异常越强，对信噪比的要求就越低；反之，异常越弱，对信噪比的要求就越高。如果将前后两次监测所得地震资料的一致性较差所造成的虚假异常也视作噪声的话，自然是信噪比越高越好。因此，可以肯定地说，信噪比的高低对注水地震监测是有影响的，但切不可由信噪比的高低来简单地判断注水监测的可行性，而应具体情况具体分析。

二、分辨率与注水监测

地震资料的分辨率决定了其分辨薄层的能力。分辨率主要取决于地震子波的带宽和主频。对于 Ricker 子波来说，一旦主频确定，其频带宽度也就确定了。图 4.4.6 是在假定 Ricker 子波主频为 35 Hz 且注水前、后剖面信噪比为 15 时，利用太平屯固结砂岩模型得到的合成地震响应。

由图可见，在注水前、后的地震剖面中，薄互层反射近似变成了一个单波反射，这与前面图 4.4.3 是截然不同的。这说明，由于反射波主频的厚度降低，分辨能力也降低了，从而使得要识别薄互层中某一单层的注水动态变得更加困难了。但与高频情形相同，剖面中注水地震异常是微弱可见的。图 4.4.7 是在假定注水前、后剖面信噪比为 25 时，所得 35 Hz 低频注水地震差异剖面。与图 4.4.6 相比，信噪比的提高对剖面中注水异常的改变不明显。

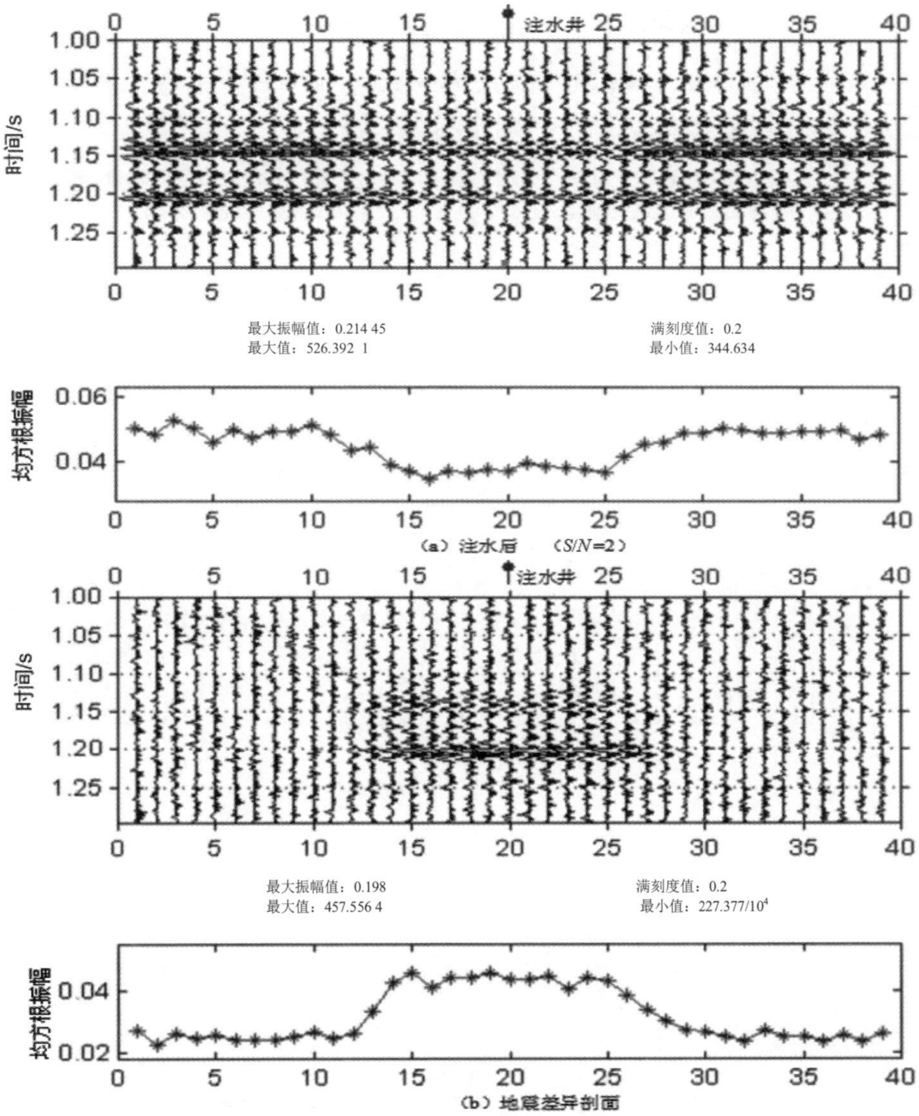

图 4.4.5　未固结砂岩模型带噪声注水地震响应

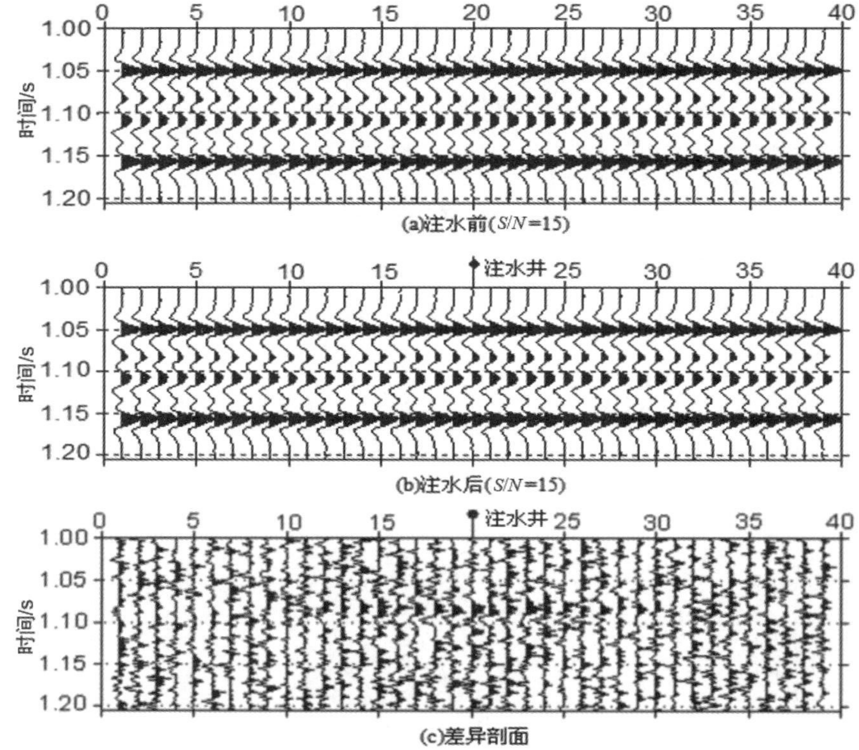

图 4.4.6　低频注水地震响应

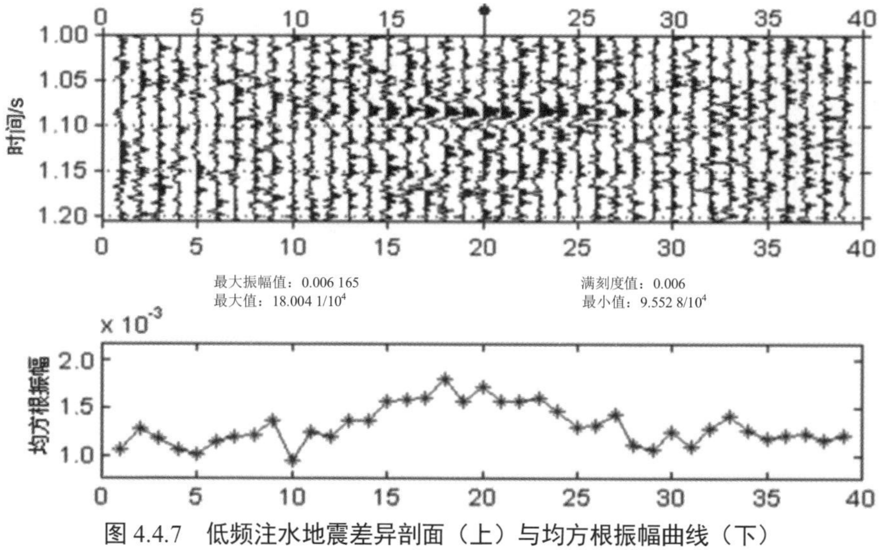

图 4.4.7　低频注水地震差异剖面（上）与均方根振幅曲线（下）

（注水前、后剖面 S/N=25）

综上所述，要实施注水地震监测，油藏本身的特性是关键。相比之下，未固结高孔隙砂岩油藏较固结砂岩油藏有利，厚储层比薄层和薄互层有利。就固结砂岩油藏而言，由于注水而引起的地震异常与注水前、后反射波的振幅相比要弱得多。当注水地震异常一定，且存在噪声时，提高剖面的信噪比，特别是地震差异剖面的信噪比是注水地震监测的关键。地震异常对剖面信噪比高低的要求是相对的，异常越强，对信噪比要求越低，反之，异常越弱，对信噪比要求越高。原则上，信噪比越高对注水监测越有利。地震波的分辨率对注水地震监测的影响主要表现为利用地震异常描述注水动态的精细程度。当地震波主频较低时，利用地震异常描述孔隙流体的横向变化是可行的，但要揭示孔隙流体在纵向的分布特性就显得无能为力了。特别是薄互层，由于各层反射的相互干涉，使得了解某一单层内的孔隙流体变化变得更加困难。因此，对于注水地震监测而言地震资料的分辨率越高越好。

第五节　太平屯油田注水地震监测可行性分析

首先，根据已有的地震、测井以及油藏特性资料和模型模拟结果等建立了太平屯油田注水地震监测可行性分析参数表，见表 4.5.1。利用此表，结合表中所给出的理想值，可对太平屯油田注水地震监测的可行性进行初步的定性分析。其次，利用可行性定量分析评分标准对各项指标进行打分。最后，得到技术风险定量评价表，见表 4.5.2。

表 4.5.1 中，单元厚度是指油藏段的厚度，由于该区储层为薄互层，所以取油藏的有效厚度作为单元厚度。由于该区并未进行实际的时移地震监测野外试验，所以地震参数是根据该区在 1998 年进行的高分辨率三维开发地震工作并结合目前大庆地区高分辨率地震勘探的实际水平粗略进行估计的，旅行时变化和阻抗变化两项参数是针对前面的模型模拟结果确定的。

表 4.5.1　太平屯油田地震监测可行性分析参数表

参数		理想值	实际值	参数		理想值	实际值
油藏	深度/m	浅	1 098~1 209	地震	主频/Hz	高	65~80
	上覆岩层压力/MPa	低	26.7		分辨率/m	高	10~13
	孔隙压力/MPa	高	11.4→7.0		成像质量（S/N、保真度）	高	良
	有效压力/MPa	低	15→19		可重复性	高	中
	泡点/MPa	低	6.85		流体界面可视性	高	低
	温度/℃	高	53.5		预测的旅行时变化（样点）	>4	0
	单元厚度/m	高	4.7		预测的阻抗值变化/%	>4	1~4
岩石	干燥岩石体积模量/GPa	低	5~14	水	含盐度（10^{-6}）	高	9 094
	干燥岩石密度/（g/cm^3）	低	1.9~2.2		密度/（g/cm^3）	高	1.0
	孔隙度/%	高	17~25		体积模量/GPa	高	2.3
	渗透率/mD	高	120				
原油	气油比/m^3/t	高	42.7	气	密度/（g/cm^3）	低	0.622 8
	重度/API	高	35		体积模量/GPa	低	0.020 4
	密度/（g/cm^3）	低	0.85	时移流体	流体饱和度变化/%	高	65→5
	体积模量/GPa	低	1.2		流体压缩系数变化/%	高	90

由表 4.5.2 可见，该区油藏条件仅获得 14 分，尚未达到 60%的门限 15 分，而且其地震条件为 9 分，也未通过 60%的门限 12 分，这说明在该区进行时移地震监测是较为困难的。这一结论似乎很容易理解。因为该区砂岩为中等孔隙度固结砂岩，且储层为砂泥岩薄互层结构，区内含油饱和度变化与油水差异均较小，储层有效厚度较薄。这就从根本上决定了该区注水地震监测的难度很大，实现起来较为困难。再加上现有地震资料本身信噪比、分辨率受可重复性等多方面因素的制约，使得该区实施注水地震监测更是难上加难。

表 4.5.2　太平屯油田技术风险评价表

参数		理想分	实际分	参数		理想分	实际分
油藏	干岩石体积模量	5	3	地震	成像质量	5	4
	流体压缩系数变化	5	2		分辨率	5	1
	流体饱和度变化	5	4		流体界面	5	1
	孔隙度	5	3		可重复性	5	3
	阻抗变化	5	2				
	油藏总分	25	14		地震总分	20	9
总分		45（理想分）		23（实际分）			

尽管上述分析与评价受到多方面条件的限制，所给参数存在一定的局限性，但其足以说明在薄互层油藏内开展注水时移地震监测的困难性。至少对太平屯油田而言，这一结论基本上是可信的。因此在薄互层油藏实施注水地震监测必须慎重，应当做更为细致的分析与可行性研究。必要时可进行少量的野外试验以弥补资料的不足和进行较为合理的参数选择。

第六节　稠油热采时间推移地震监测正演模拟分析

近年来，时移地震监测技术作为油藏动态监测的一种有效工具得到了飞速的发展，并在北海、墨西哥湾、加拿大西部等地区的众多油藏开采监测中得到了广泛的应用，取得了令人瞩目的成就。我国的许多学者也进行了相关的研究（云美厚，2001），而且胜利、辽河、新疆油田还相继开展了稠油热采时移地震先导试验（霍进等，2001；于世焕等，2000；王丹等，1998；王新红等，1992）。部分油田还利用新老地震资料，开展了基于继承性时移地震数据的水驱开采时移地震监测研究（甘利灯等，2003；胡英等，2003；赵伟，2003；易维启等，2002）。迄今为止，我国时移地震技术的应用仍然举步维艰。

众所周知，陆相沉积是中国油田地质的基本特征。陆相储层多为薄层和薄互层，而且储层埋深一般都比较大，因此实施时移地震监测难度较大（云美厚，2005）。

中国具有较为丰富的稠油资源，陆上稠油、沥青资源占石油资源总量的 20% 以上。目前，在全国范围内已经发现了 70 多个稠油油田，集中分布在辽河、胜利、克拉玛依以及河南等油区。中国稠油油藏具有陆相沉积的特点，油藏非均质严重，地质构造复杂，而且油藏类型多、埋藏深。油藏深度大于 800 m 的稠油储量占已探明储量的 80%以上，其中有一半的油藏埋深在 1 300 ~ 1 700 m。吐哈油田的稠油油藏埋深在 2 400 ~ 3 400 m，塔里木油田的轮古稠油油藏埋深达到 5 300 m 左右。因此，稠油开采十分困难。

鉴于我国丰富的稠油资源，同时考虑到稠油热采（注蒸汽、火烧油层、注热水）过程中，确定了油层中的高温区及其前缘位置和运动状态的重要性和困难性。本节将在简要分析稠油热采对储层弹性特性影响的基础上，针对我国东部地区某稠油油田的客观实际，结合油藏工程理论和岩石物理测量结果，建立薄互层油藏火烧油层模型，就陆相薄互层油藏稠油热采时移地震监测的可行性开展地震正演模拟研究。

一、热采对储层弹性特性的影响

在稠油热采（注蒸汽、火烧油层、注热水）开发过程中，不论采用何种热采方式，储层内一个明显的变化是温度的急剧升高。因此，温度的变化将是影响储层弹性特性变化的第一因素。一般来说，在稠油热采之前，储层岩石主要为稠油和水饱和的原状地层，储层温度、压力较低且基本保持稳定。实施热采后，由于温度的升高，一方面会使得储层内稠油软化，甚至在高温时发生原油蒸馏和裂解而变成气态烃，这将使得孔隙流体的可压性增大，进而导致地震波速度的降低；另一方面，储层岩石本身在高温情形下也可能产生微裂隙，同样会导致整个岩石的可压性增加和速度降低。已有的岩石物理实验结果表明（王新红等，1994；Wang and Nur, 1989），当温度升高 100 ℃时，稠油中的波速至少下降 19%，而稠油饱和砂岩速度下降至少为 9%，最高可达 50%。通常，稠油热采高温区温度一般均在 300 ℃以上，因此，储层速度的变化更加明显。这为稠油热采时移地震监测提供了坚实的岩石物理基础。

需要指出的是，在稠油热采过程中，储层横向温度的分布往往是不一致的，表现出横向分区分带的特点，不同的区带温度和储层物性变化各不相同。以油层中干式正向燃烧为例，根据油藏工程理论，从燃烧井向外依次大致可划分为已燃区、燃烧区、蒸发（裂解、蒸馏）区、凝结区、积水带、集油带和未受影响区。不同的区带温度、压力、流体相态、饱和度等各不相同。已燃区主要为空气饱和，温度降低；燃烧区主要为气体（空气、水蒸气、焦化物）饱和，温度最高；燃烧前缘前部为气（蒸汽、气态烃）、冷凝水、凝析油等饱和，温度降低；未受影响区为原状地层（张敬华，2000）。

二、火烧油层综合流体流动地震地质模型

为了使时移地震正演模拟更加贴近实际，针对东部区某稠油油田的实际资料，结合油藏工程理论及岩石物理实验结果建立了火烧油层时移地震正演模拟地震地质模型，见图 4.6.1。

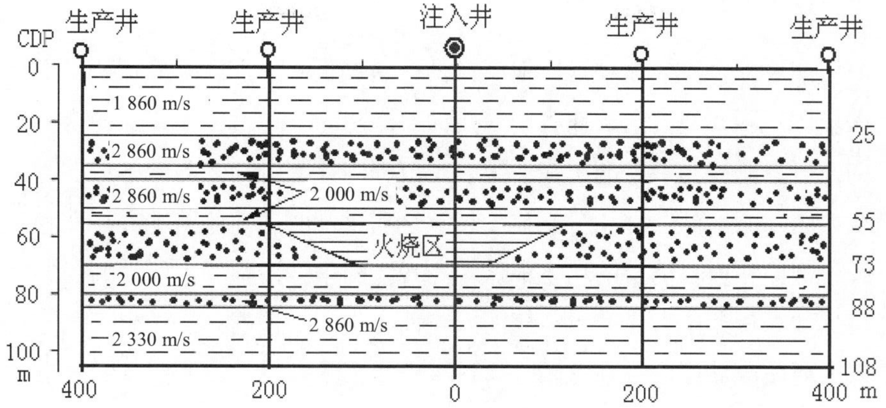

图 4.6.1　地震地质模型示意图

该油田储层段地层倾角较小，近似为水平。岩石胶结疏松，砾石含量高，成岩性差，孔隙度、渗透率高，平均孔隙度值为 31.2%。稠油砂岩层分布稳定，油层厚度较小，有效厚度一般为 15~25 m。油层原始平均剩余油饱和度为 62.2%，油藏压力系数为 1.0，平均温度为 55 ℃，饱和压差仅为 2.5 MPa；油藏无底水，边水不活跃，含油性好。

火烧油层的实施主要是在一个厚度较大（约 18 m）、岩石物性和含油性较好的单层内进行的。为了简化模型计算，假定火烧过程中，温度仅对目的层产生影响，对上下岩层的作用可以忽略。这样整个模拟计算过程中目的层上下地层的弹性特性保持不变，而目的层内火烧不同时期储层温度以及孔隙流体的变化主要是根据油藏工程理论和火烧油层工艺特点确定的。在此基础上，利用笔者（云美厚和易维启，2001）所给出的方法可确定不同温压条件下的孔隙流体弹性特性参数，进一步利用笔者（云美厚和管志宁，2002）所给出的方法，借助 Gassmann 方程可以确定火烧过程中储层岩石弹性特性的变化。因此，火烧区不同时期岩石弹性特性是动态变化的，相应的地震地质模型也是动态的。为方便分析研究，地震正演模拟计算主要是采用常规的褶积模型进行的，其能够较好地将目的层变化与地震反射一一对应起来。正演模拟时间采样间隔为 2 ms，CDP 间距 10 m；所用子波为 50 Hz Ricker 子波。

三、火烧油层时间推移地震正演模拟

采用前述综合流体流动地震地质模型，通过正演模拟计算分别获得了火烧前以及火烧后不同燃烧时间的地震记录剖面。图 4.6.2 显示了火烧前的合成地震剖面。剖面下方曲线为沿目的层在一定时窗范围内计算得到的对应各道的均方根振幅曲线，图 4.6.3 和图 4.6.4 分别显示了火烧后不同时期的监测地震剖面和差异剖面以及各剖面相应目的层的均方根振幅曲线。图中强振幅异常两端的弱异常主要是在模拟计算过程中考虑注入空气的影响而产生的。根据火烧油层工艺，点火前通常都需要先向储层内以高压的方式注入一定量的空气，注入空气同样会改变储层孔隙流体分布。

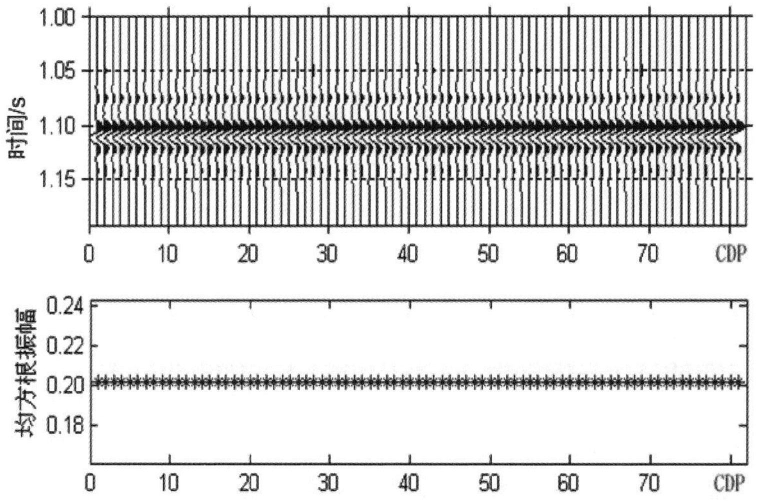

图 4.6.2　火烧前基础地震剖面

由图 4.6.3 可见，在火烧区内地震剖面表现出反射振幅降低、反射同相轴“下拉”的现象，这主要是火烧油层造成储层速度降低，使得储层顶底界面反射系数降低、反射波旅行时间加长所致。随着火烧时间的推移，弱反射横向展布范围不断扩大，但同相轴“下拉”现象并未增强。与燃烧前缘未波及区反射振波相比，不论是反射振幅的减弱，还是同相轴“下拉”现象所产生的同相轴位置错动等均不十分明显。尽管如此，在这种理想的无噪声状态下，火烧前缘的波及范围仍然是可以识别的。然而，如果剖面中存在一定的噪声，则要确定燃烧前缘波及范围就具有很大的不确定性，不过结合均方根振幅的变化还是可以确定其大致范围的。

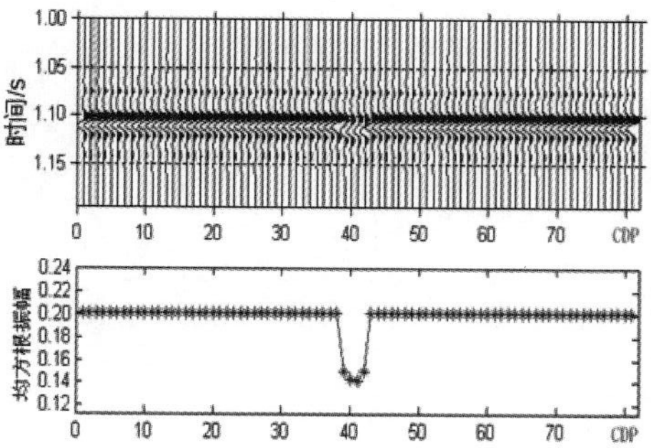

（a）火烧 3 个月后

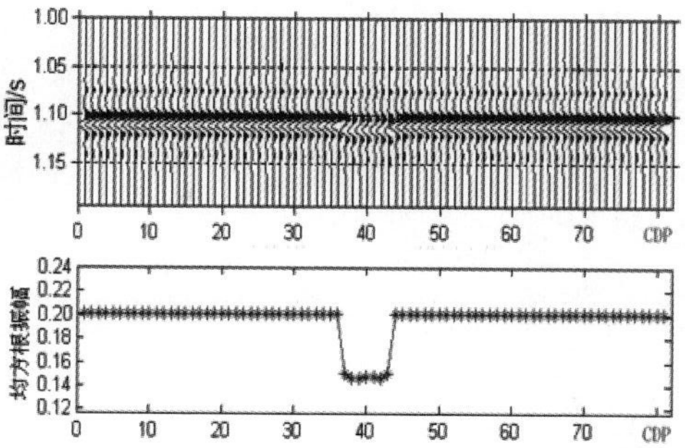

（b）火烧 6 个月后

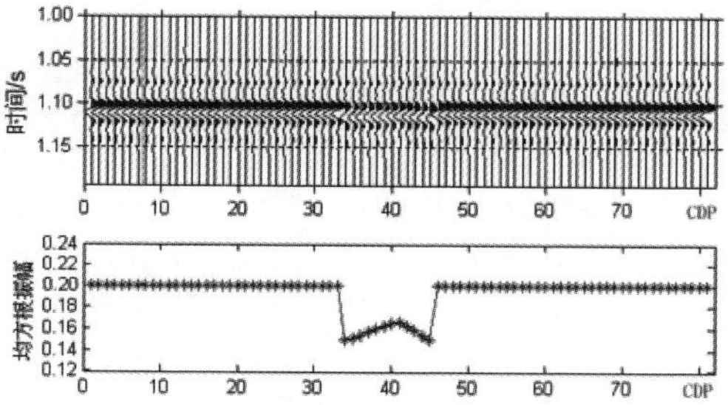

（c）火烧 1 年后

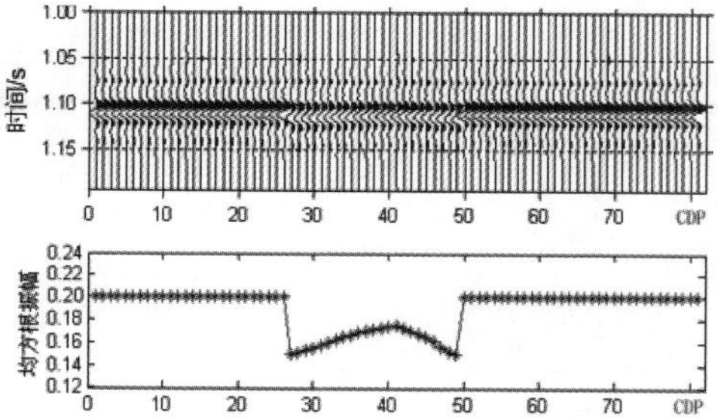

（d）火烧 2 年后

图 4.6.3　火烧油层监测地震剖面

需要说明的是，在许多成功的稠油热采监测实例中均表现出明显的反射振幅异常和同相轴“下拉”现象（Wang and Nur，1989； Jenkins and Bee，1997），而本节的模拟结果却并非如此，这主要是由于模拟模型中火烧油层仅仅为薄互层中的一个单层，其厚度较小，难以产生较大的时间差，因而也就不可能有明显的同相轴“下拉”现象出现。与此同时，由于薄层的调谐作用使得燃烧前后反射振幅差异有所减弱，故振幅异常不如厚储层明显。

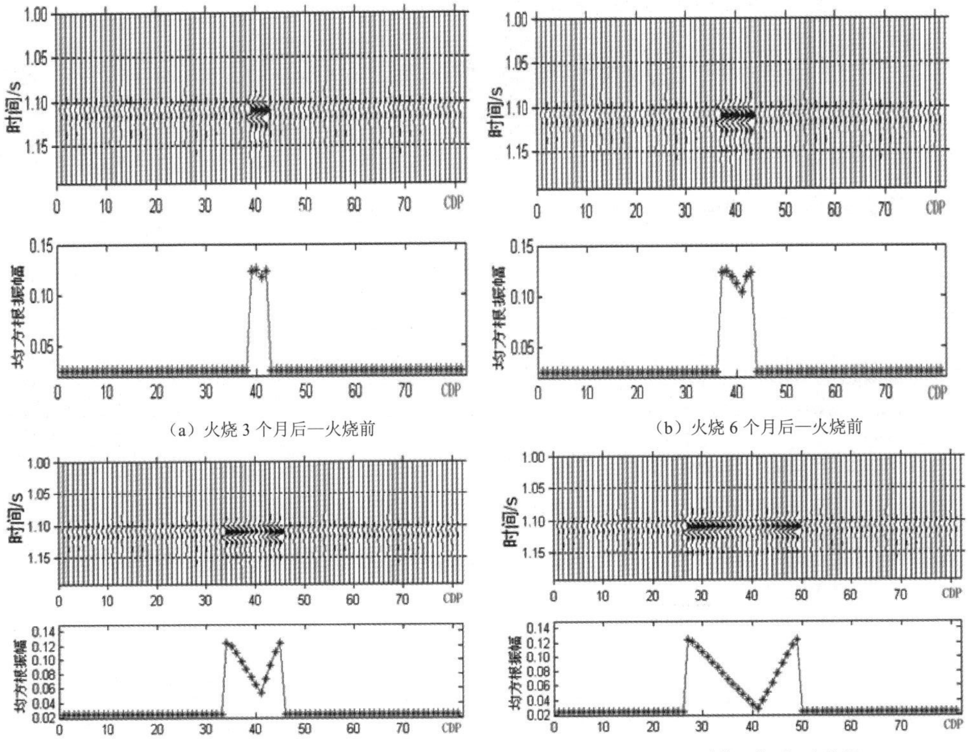

（a）火烧 3 个月后—火烧前

（b）火烧 6 个月后—火烧前

（c）火烧 1 年后—火烧前

（d）火烧 2 年后—火烧前

图 4.6.4　火烧油层前后地震差异剖面

当火烧前后基础测量和监测测量地震资料具有较好的可重复性时，进行火烧油层展布范围的最佳解释方法是差异地震属性的应用。图 4.6.4 显示了火烧前后的地震差异剖面，其差异振幅值约为火烧前剖面振幅的 63%。振幅差异较好地揭示了火烧油层不同时期火烧前缘的横向波及范围。这主要是由于差异剖面集中展示储层变化的特性，比直接利用火烧后地震剖面确定火烧前缘位置的变化更直观也更有效。此外，结合均方根振幅值的横向变化，可使解释结果更加合理可靠。尽管如此，受地震横向分辨率的限制，要想划分出油藏工程中所确定的已燃区、燃烧区等多个区带是非常困难的，也是不现实的。

在上述正演模拟分析中，笔者假定了火烧油层能够实现在整个油层的均匀燃烧。事实上，油藏工程理论和实践表明（张敬华等，2000），厚度小于 4.57 m 的油层常被认为燃烧前缘是均匀推进的，而厚度大于 12.19 m 的油层则往往可能产生窜槽型燃烧，火烧一般只在储层的上部进行。厚度处于 4.57 m 和 12.19 m 之间的油层将会出现何种类型的燃烧推进方式则具有很大的不确定性，其燃烧前缘可能是均匀推进的，也可能是不均匀的。尽管 18 m 的储层厚度对于地震分辨率而言为薄层，但对于火烧油层工艺的实施而言，18 m 的厚度已经足够大了，出现不均匀燃烧是必然的。为此，笔者设计了局部燃烧模型，即假定只在油层上部约 9 m 范围内燃烧，下部未点燃，相应的地震剖面和差异剖面如图 4.6.5 和图 4.6.6 所示。

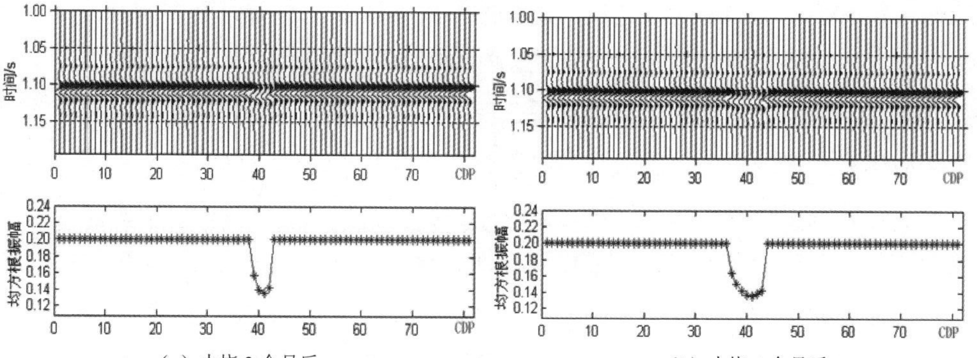

（a）火烧 3 个月后　　（b）火烧 6 个月后

图 4.6.5　火烧油层不均匀燃烧地震剖面

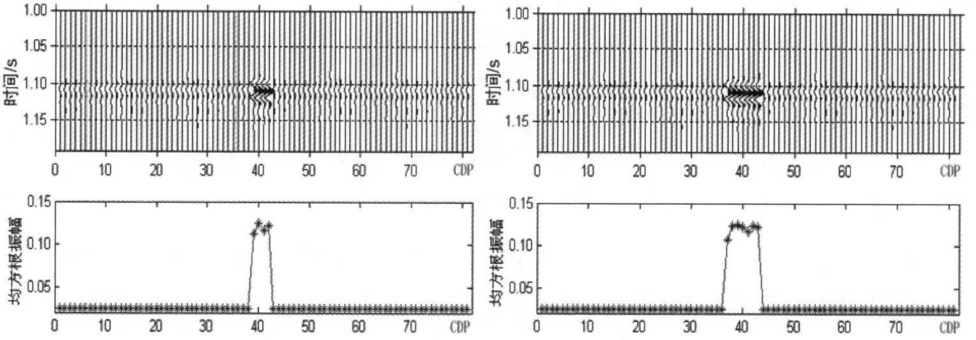

（a）火烧 3 个月后—注气后　　（b）火烧 6 个月后—注气后

图 4.6.6　火烧油层不均匀燃烧地震差异剖面

分别对比图 4.6.5 和图 4.6.3 以及图 4.6.6 和图 4.6.4 不难看出，不论是地震剖面还是差异剖面，均匀燃烧和不均匀燃烧两种情形下地震反射波的特征并未表现出明显的差异。这似乎说明，利用时移地震资料来揭示薄储层燃烧的纵向不均匀性是困难的。但是不论油层燃烧均匀与否，相对于地震的横向分辨率而言，只要储层横向变化范围足够大，地震剖面均可以反映燃烧前缘的波及范围，进而确定燃烧前缘沿着不同方向推进速度的快慢。进一步估算发现，不均匀燃烧的情况下，地震差异剖面的振幅值约为火烧前剖面振幅的 67%，比均匀燃烧情况下的振幅值提高了约 4 个百分点，这可能是薄层的调谐作用造成的。

本正演分析意在说明热采所引起的地震差异的强弱，以及在时移地震资料一致性较好的前提下，在陆相薄互层油藏实施稠油热采时移地震监测的可行性，故并未考虑复杂的地质模型，分析中也主要研究了振幅差异的变化。此外，笔者曾就噪声对时移地震的影响做过较为详细的分析和论述（云美厚等，2001；云美厚等，2003），研究认为，时移地震异常对时移地震资料信噪比的要求是相对的，地震振幅差异越强，对信噪比要求越低；反之，异常越弱，对信噪比要求越高。对于稠油热采所引起的强地震振幅差异而言，结合我国东部地区常规地震资料的信噪比水平，笔者认为信噪比并不是主要问题，故本次正演计算中并未考虑噪声的影响。不过，由时移地震资料采集、处理的非一致性所引起的不可重复噪声的影响还是应当注意的。

考虑到地震反射振幅是揭示储层变化最直接的地震属性，同时也是出于简化问题的分析考虑，本节主要利用时移地震振幅差异的强弱来说明实施时移地震监测的可行性。实用中由于记录噪声等多方面的影响，单独利用振幅差异属性进行热采动态解释显然是不够的，必要时还需要采用基于模型的反演等更加精细的解释手段来提高解释结果的可信度。

基于综合流体流动地震地质模型的时移地震正演模拟，可以更加真实地模拟油藏开采所引起的地震特性的变化。对于陆相薄互层油藏，由于单层厚度小，单层热采引起的地震振幅异常以及同相轴“下拉”现象均不如厚层油藏热采明显，直接利用监测地震剖面确定热采前缘具有很大的不确定性。

在时移地震资料重复性较好时，利用时移地震差异剖面结合均方根振幅曲线的变化确定稠油热采前缘横向波及范围以及推进速度是可行的。但是，要在横向上精细划分出诸如油藏工程中所给出的不同区带是不现实的，也是不可能的。要确定储层内热前缘纵向分布的非均匀性是困难的。

总之，在陆相薄互层稠油油田热采过程中，在保证时移地震资料可重复性的前提下，利用时移地震资料来监测热前缘动态是可行的。

综上所述，尽管从岩石物理基础研究和正演模拟说明了陆相薄互层稠油油藏实施时移地震热采监测的可行性，但必须看到，在时移地震监测的具体实施过程中还存在不少问题，如选择地震方法、采集参数和处理参数，提出对地震分辨率和信噪比的要求和改进措施，制定合理的实施步骤，以及做好地震、地质、测井油藏工程的结合等，这些问题都有待于进一步研究和解决。

第五章　时间推移地震资料解释方法

经过前期的资料采集与精细处理之后，时移地震资料能否真正用于油藏管理在很大程度上取决于资料的解释，而且解释结果的好坏直接关系到时移地震所能发挥的效益。因此，时移地震资料的解释对整个时移地震监测来说是非常重要的。与常规地震资料的解释不同，时移地震资料的解释具有两个明显的特点：一是时间性，二是特殊性。由于在油气田开发过程中，地下形势是在不断变化的，人们对地下油气藏的认识也在不断加深，要想使得时移地震资料真正用于油藏管理，指导油气田开发，就要求时移地震工作必须在较短的生产周期内拿出解释成果，为油气田开发方案的调整及时提供地下油气藏动态变化的依据，因此时移地震资料的解释具有明确的时间性。此外，由于时移地震资料的解释重在不同时间地震资料比较，因此，在资料解释过程中，除了充分利用已有的静态油藏描述成果外，还应有自己独特的解释方法。这就是时移地震不同于常规地震资料解释的特殊性。就整体而言，可以将时移地震资料的解释看成是一个动态油藏描述过程。时移地震资料的解释方法可大致归纳为直接分析法、地震属性分析法、动态储层描述法和地震差异波形分析法。

第一节　直接分析法

按照油藏特性的变化所引起的地震反射特征的不同，直接分析法又可分为层间时差分析法、振幅分析法、速度分析法和频谱分析法。它们共同的特点是利用单个地震属性差值对时移地震资料进行解释。该方法简单直观。

一、层间时差分析法

在油藏注采过程中，当储层物性变化比较大且储层厚度较大时，地震波在层间的旅行时间就会有明显的变化，如稠油热采和注水地震监测剖面中出现的时间滞后和时间超前现象均反映出反射波旅行时间的变化。层间时差分析法正是利用了时移地震资料的这一特点，通过求取基础地震测量与监测地震测量剖面中反射波旅行时间的差值或比值来估计注入流体的波及范围及运动方向的。该方法受储层非均值性的影响较小。在浅层稠油热采地震监测中，该方法是一种比较常用的方法。当基础测量资料是在油藏开发之前获得时，该方法的效果最好。

实际应用中，一般是对比或拾取不同时间地震资料内同一储层的底部反射同相轴的时间，并由此来做差值或比值分析。反射波旅行时的拾取可采用手工法，也可采用互相关法。

印度尼西亚 Duri 油田在 1992—1995 年间进行了小规模的实验研究，注蒸汽开始于 1992 年 8 月，这期间经过了 10 年的生产，在以后的 31 个月内进行了 6 次监测记录。图 5.1.1 是基础测量地震和监测地震的垂直地震剖面对比图，图中箭头指示的白线为蒸汽注入层段的顶底界面，在注气 2 个月以后可以很明显地看到，在注气层段内部和下方会出现一个向斜的构造形态，该向斜在注气 31 个月后幅度达到最大，即 12 ms。而在蒸汽注入层段的上方，地震数据没有发生任何变化。

从图 5.1.2 可以明显地看到蒸汽注入层段底界面的反射波旅行时的上拱和下拉现象是如何变化的。注气 2 个月后，同基础测量地震相比，反射波旅行时总体上是减小的。这种现象说明，蒸汽注入引起了地震波速度的大幅度增加，这种现象在以前的时移地震研究文献中尚未发现。另外，在注气井下部形成了一个向斜的构造形态，这种反射波旅行时下拉的现象在其后的监测地震测量中得到了进一步发展。注气 31 个月后，注气井周围的注入层段底界面反射波旅行时下拉达到了 12 ms 之多。该现象同之前进行的热采时移地震监测研究得到的结果一致，预示了反射波速度的减小。

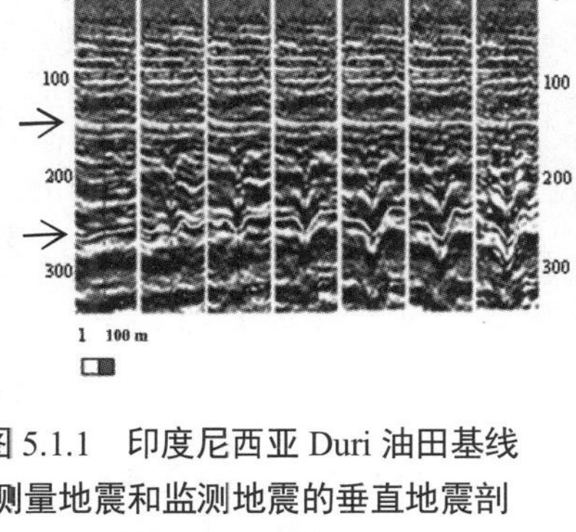

图 5.1.1 印度尼西亚 Duri 油田基线测量地震和监测地震的垂直地震剖面对比图

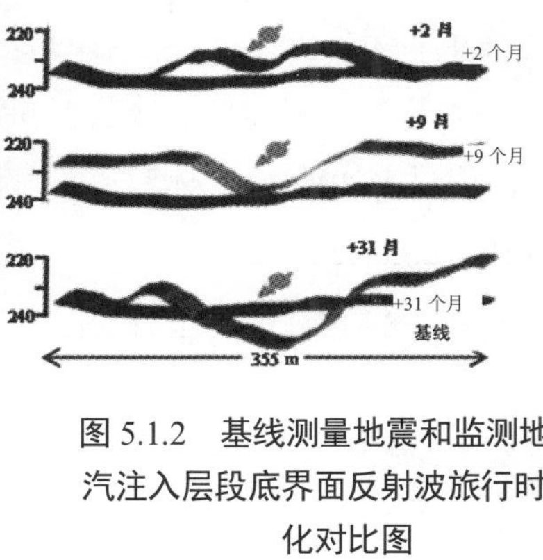

图 5.1.2 基线测量地震和监测地震蒸汽注入层段底界面反射波旅行时的变化对比图

图 5.1.3 进一步给出了同相轴下拉和上提现象的空间分布情况，黑色与浅色交界处表示基线测量地震和监测地震的反射波旅行时相同，深（黑）色表示监测地震的反射波旅行时减小，浅（白）色表示监测地震的反射波旅行时增加。经 2 个月的注气生产后，反射同相轴上提现象在注气井周围出现，并在 5 个月注气生产后，延伸至整个井组。同相轴下拉现象围绕在注气井周围，注气生产 31 个月后达到最大，半径为 50 m。

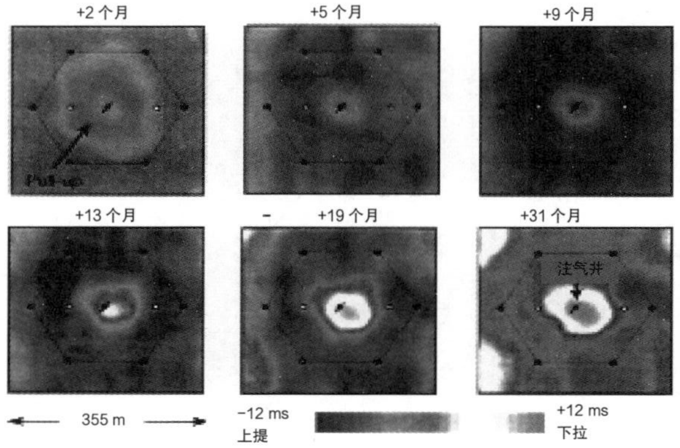

图 5.1.3　基线测量地震和监测地震反射波旅行时差异图

为了查明同相轴下拉和上提现象的形成原因，并根据反射波旅行时的变化预测蒸汽在储层内的分布状况，Jenkins 和 Bee（1997）等人对研究区进行了热采模拟。模拟发现，在注气井的周围，存在四种流体分布带（图 5.1.4），从注气井向外依次为蒸汽饱和带、热流体带、高压冷流体带和离析气体带。其中，蒸汽饱和带以高温、高压、低含油饱和度为特征，在厚储层中，蒸汽在重力作用下向顶部移动，渗透率、热散失率以及重力的影响导致了蒸汽向外推进速度的差异。热流体带由冷凝的蒸汽、被加热的地层水和油组成。高压冷流体区的剩余油饱和度可高达 60%，压力前缘与冷气体和离析气体的边界一致。离析气体带，由于开采过程导致地层压力降至泡点压力以下，导致烃类溶解气的析出，在 2 个月的注气后，我们注意到在注气井附近，压力的回升使离析烃类气体又重新溶解。

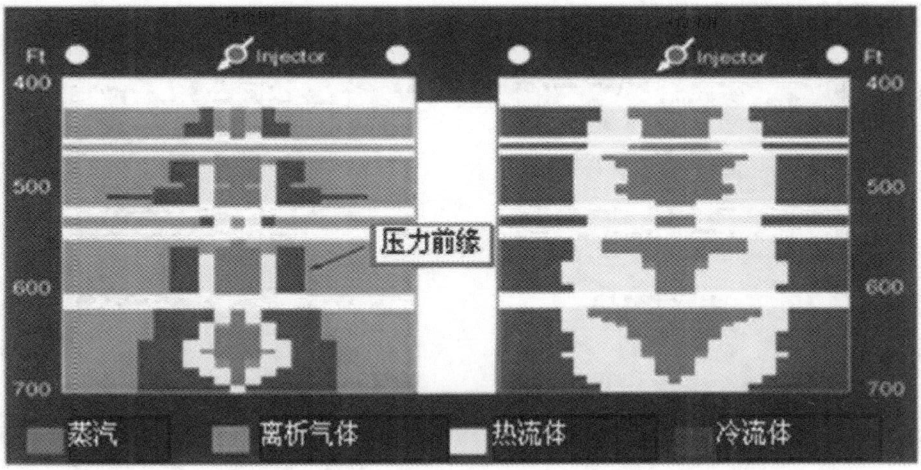

图 5.1.4　注气生产 2 个月和 19 个月后热采模拟横剖面图

根据实验室得出的温度、压力、孔隙度、流体饱和度和岩心速度之间的关系以及 Biot-Gassmann 方程，进一步计算得到了在开采过程中注气层的速度变化图解（图 5.1.5）。在注气前，由于开采导致地层压力降低到油藏泡点压力以下，溶解气析出，速度减小（1 到 2）。在注气开采初期，地层压力升高，析出的自由气重新溶解，速度增大（2 到 3）。随着注气过程的继续，由于流体受热导致速度减小（3 到 4）。最后，蒸汽的出现导致了速度的进一步降低（4 到 5）。

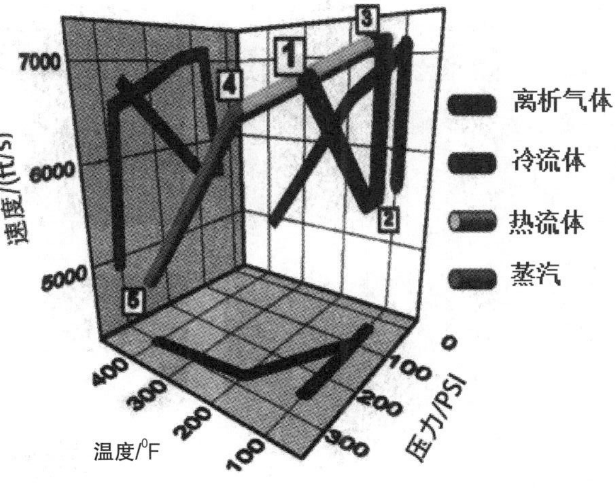

图 5.1.5　速度在油藏开采过程中随温度和压力的变化而变化图解

从模拟速度剖面图（图 5.1.6）可以看出，在注气井周围，蒸汽饱和带出现了低速带（中部深黑色），沿低速带向外，由于压力前缘的推进及离析气体的重新溶解，形成了高速区（灰色）。对比模拟速度剖面和图 5.1.1 的热采模拟横剖面，二者的中心位置是一致的。这种较强的一致性可以用模拟的蒸汽垂直厚度（岩石蒸汽饱和量）和模拟的层内慢度（速度的倒数）的交汇图来表示（图 5.1.7）。该交汇图表示出了层内慢度的改变可以线性地变换为蒸汽厚度，这对评价蒸汽驱的效率和进展是很有效的。

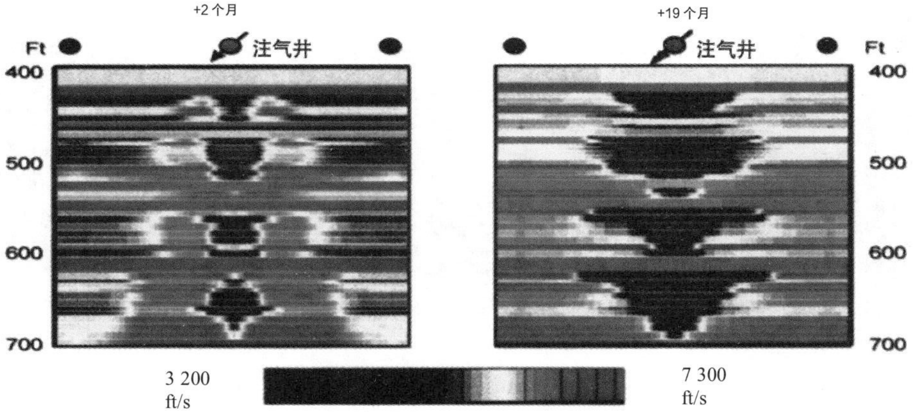

图 5.1.6　注气 2 个月和 19 个月后的模拟速度横剖面图

合成叠加剖面（图 5.1.8）显示了地震波形状的突变。这是经过 2 个月和 19 个月的注气开采后储层内速度、密度的改变引起的。可以看到，模拟的同相轴上提、下拉的形态和幅度与前面时移地震观察到的形态和幅度十分一致。在叠加剖面上，由于波阻抗的变化，蒸汽区域的振幅比周围要大。另外，相位也发生了变化。这是反射系数的符号的反转和波形的相互干涉引起的。

对注气区域平坦的底界面进行时间推移动态模拟发现（图 5.1.9），模拟结果与时移地震实际观测结果十分相似，在快速向外推进的高压带内，反射波旅行时缩短，同时，蒸汽饱和带的反射波旅行时得到了延长。

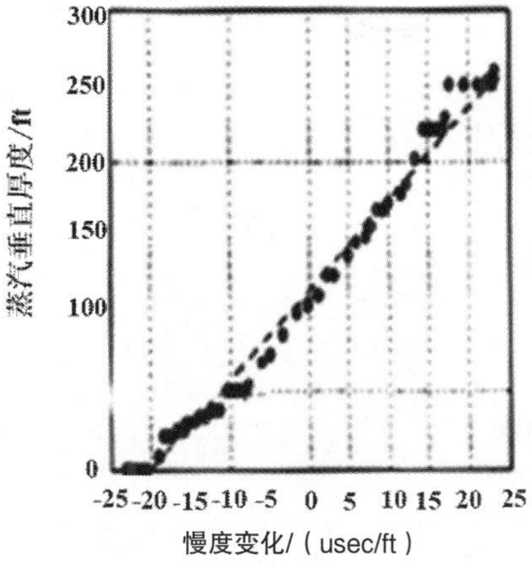

图 5.1.7　模拟的蒸汽垂直厚度和地层慢度交汇图

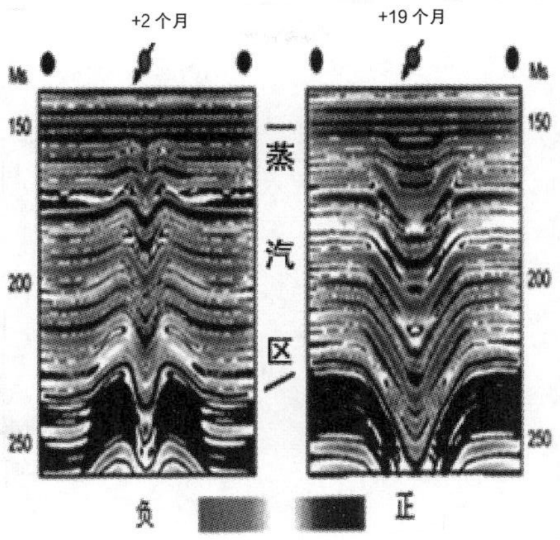

图 5.1.8　经 2 个月和 19 个月注气生产后的合成叠加地震剖面

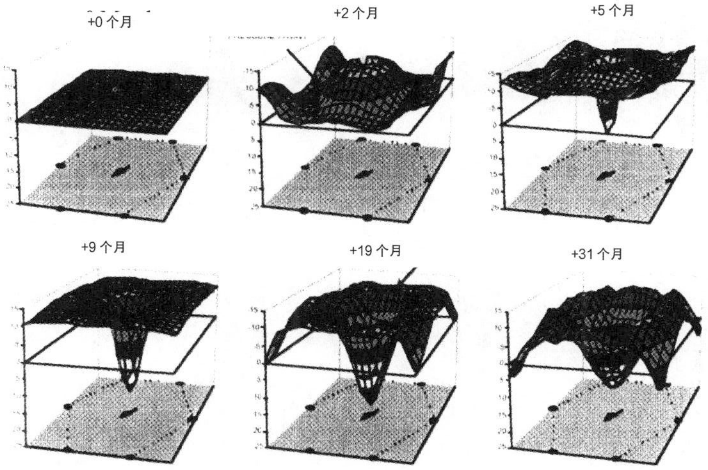

图 5.1.9　模拟注气层段底界面时移地震反射波旅行时变化图

利用图 5.1.7 建立的慢度与蒸汽厚度的线性关系，将每层的慢度转化为蒸汽厚度，可以得到经过 31 个月注气开采后的 3 个主要储层的蒸汽厚度图（图 5.1.10）。图中深黑色区域为未被蒸汽扫驱的区域，以低温、高剩余油饱和度为特征。注气井周围的蒸汽饱和带以高温、低剩余油饱和度为特征。从图中可以看出，三个层内的注汽波及面积明显不同，下 Pertams 层具有最大的驱替效率。而常规的监测工具（观察井、追踪观测、生产井数据）则不能指出蒸汽离开注气井以后的运行轨迹。观察井也只能给出观察井点处的温度、蒸汽饱和度的硬数据。但这些井很少，通常比较昂贵，也不能指出蒸汽运移路径。由时移地震提供的蒸汽分布信息就能够有效地进行开发方案调整。可以关闭或减少在下 Pertams 层的射孔，增加在上 Pertams 层明显没有被波及且保留剩余油的层的射孔。

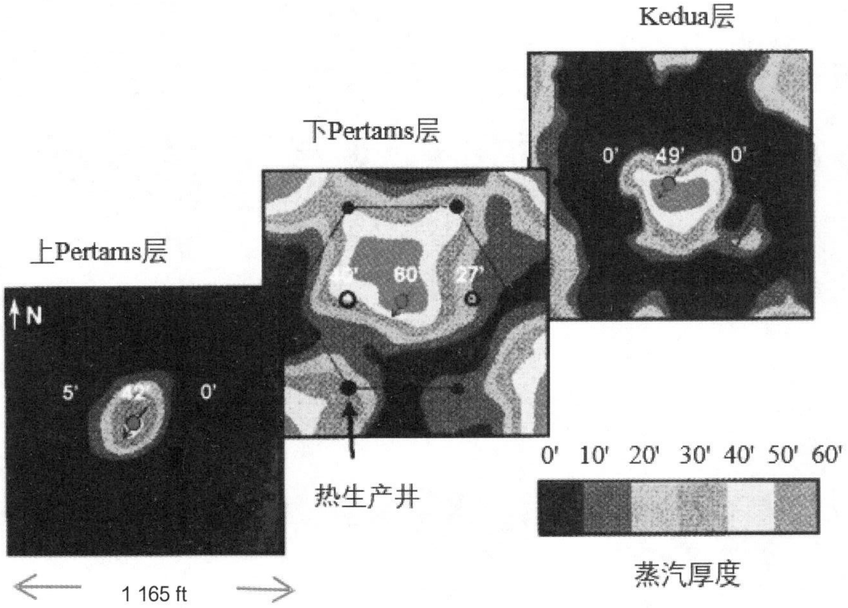

图 5.1.10　经 31 个月注气开采后 Duri 油田先导试验区 3 个主要储层的蒸汽厚度图

二、振幅分析法

开采过程造成的流体变化会引起振幅的相应变化，振幅变化幅度的大小主要取决于流体饱和度的变化，频率及储层厚度对振幅变化幅度的大小也有一定的影响。频率相同时，振幅变化幅度主要取决于含气饱和度的变化，储层厚度不变时，随着开采过程的进行，储层含气饱和度不断降低，振幅变化加剧。在厚层中，当含气饱和度降到 20%时，振幅变化幅度可达 100%（图 5.1.11）。地层厚度不变时，相同的流体饱和度变化引起的高频地震波振幅变化幅度比低频的要大（图 5.1.12）；含气饱和度变化相同时，高频成分振幅变化比低频成分大，厚度大的储层比厚度小的储层变化大，在一个厚度处振幅变化幅度达到最大，厚度继续增大时，振幅变化幅度略有减小（图 5.1.13）。

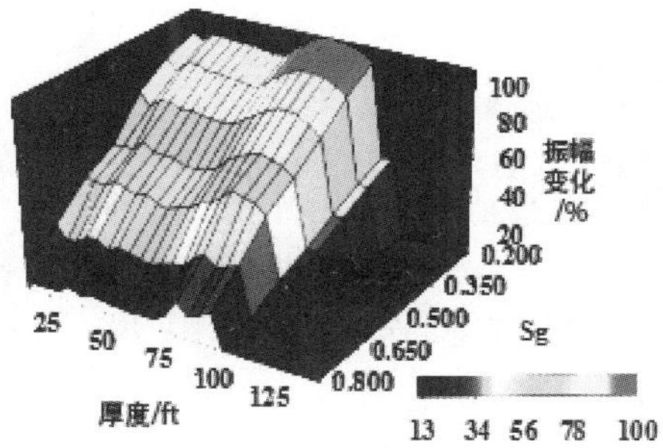

图 5.1.11　频率为 60 Hz 时的储层厚度、含气饱和度及振幅变化关系图（Huang Xuri，2001）

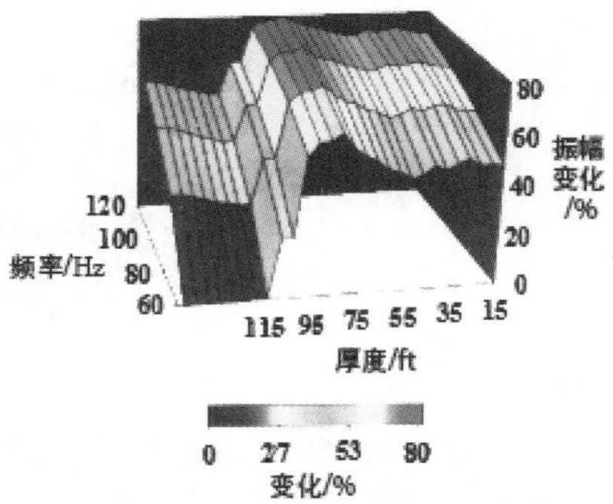

图 5.1.12　含气饱和度变化 28%时的储层厚度、频率及振幅变化关系图（Huang Xuri，2001）

振幅分析法是利用基础地震测量与监测地震测量储层反射振幅的变化来估计储层注入流体的分布范围及运动方向的。其又可分为直接振幅分析法、振幅差值法和振幅比值法三种。直接振幅分析法是直接利用剖面中储层反射振幅的强弱变化进行对比分析，以揭示储层动态变化的。其一般为定性分析，多适用于油藏特性变化对储层反射振幅影响较大的情形。除直接振幅分析法外，大多数情况下，时移地震资料的解释是利用振幅差值来反映地下储层的变化的，有时也以振幅比值作为监测的标志。当假定地震反射波的衰减服从简单的计算模型时，利用油气藏生产前后同一地震子波两次穿过具有相同厚度但衰减特性不同的同一储层时，反射振幅的比值可以估算油气藏变化的厚度。振幅分析法一般能够较好地揭示储层的横向变化。

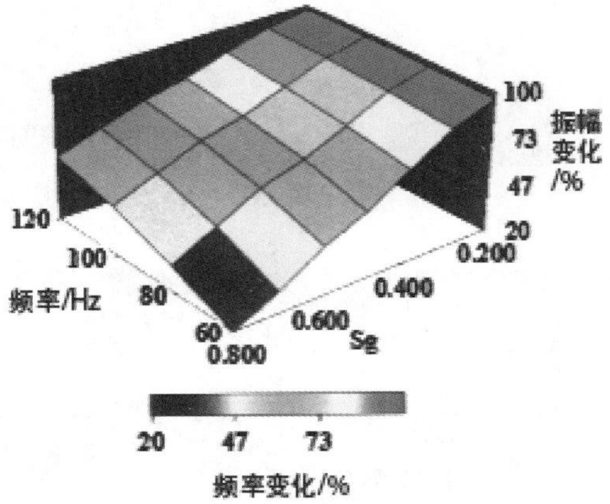

图 5.1.13　储层厚度为 50 m 时振幅变化、频率、含气饱和度关系图（Huang Xuri，2001）

将不同年份的同一道地震数据放在一起，就可以很明显地看出振幅在开采过程中所发生的变化。图 5.1.14 为加拿大 Senlac 油田蒸汽重力驱油前后几次三维地震道间的对比图，该图显示了 Senlac 油田蒸汽加热对地震波形的影响，从图中可以看出，在蒸汽加热过程中，孔隙性储层顶部反射波波谷从 1990 年到 1997 年振幅增强。图 5.1.15 中的 3 张图分别为注气前（上）、注气后 18 个月（中）和注气后 24 个月（下）的地震剖面，图中蒸汽室扩展引起的储层顶部反射振幅增强的现象十分明显。

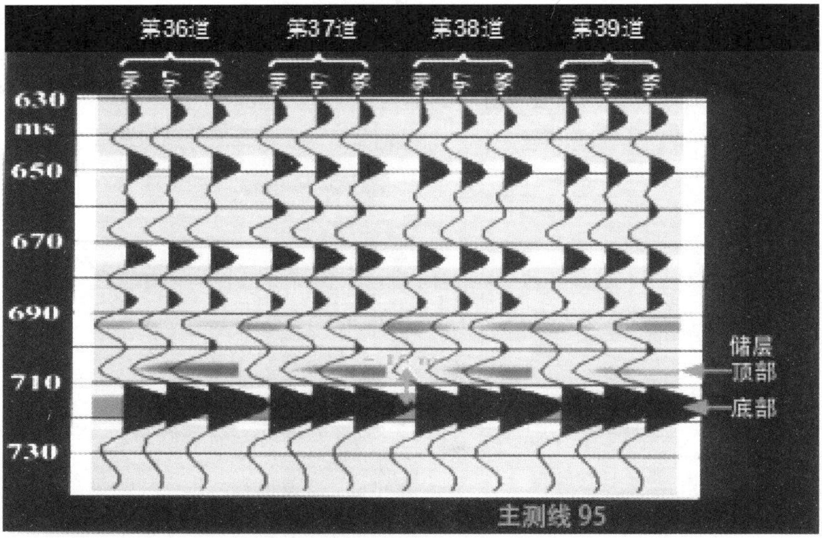

图 5.1.14 时移地震道间对比图（据 Guoping Li 等）

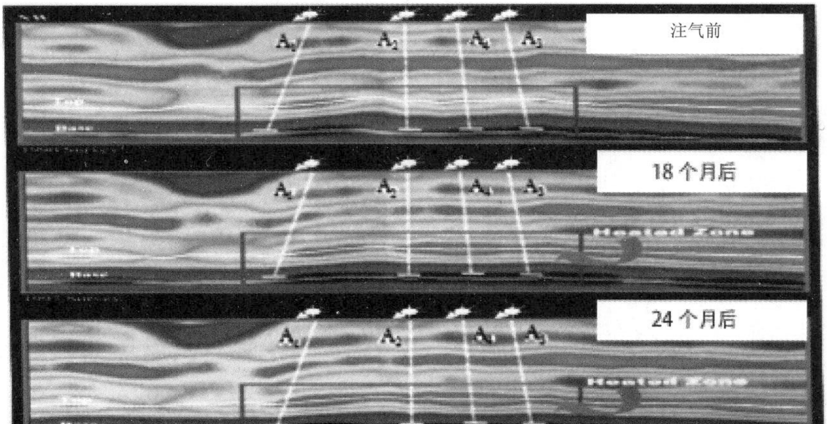

图 5.1.15 蒸汽室在四口蒸汽重力驱油井所组成的图形内的扩展图

图 5.1.16 中的 3 张图分别为水平井对间的注气前（上）、注气后 18 个月（中）和注气后 24 个月（下）的地震剖面，同样可以看到蒸汽室扩展引起的储层顶部的反射振幅增强的现象。图 5.1.17 为时移地震差异剖面，最亮的部分显示蒸汽室沿水平井对 A4 进行扩展。该实例表明，利用振幅的变化可以很直观地观察蒸汽在储层内的运移情况。

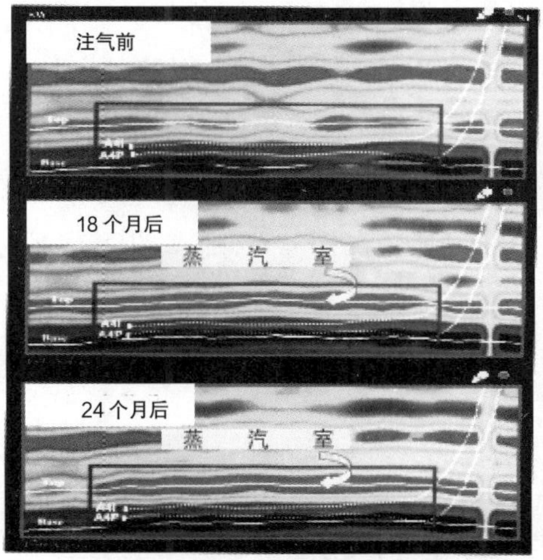

图 5.1.16　蒸汽室沿着水平井对的扩展

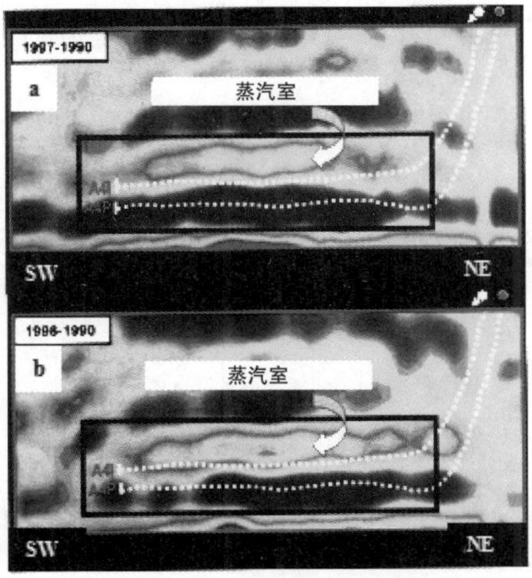

图 5.1.17　时移地震差异剖面

（a） 1997 年与 1990 年测量间的差异

（b） 1998 年与 1990 年测量间的差异

三、速度分析法

速度分析法是指对基础测量和监测测量地震资料分别进行反演，求取波阻抗或伪速度测井曲线，然后将所求的基础测量波阻抗数据与监测测量波阻抗数据体相减得到时移地震波阻抗（或速度）差值数据体，据此便可对注入流体波及范围、前缘位置等储层动态特性进行识别与分析。

速度分析法不仅可揭示储层横向分布范围的变化，而且可确定储层动态的纵向分布范围。它是时移地震监测资料解释中最直观、定量化最强的方法之一。在油藏强化开采过程中，油藏特性的变化首先表现为储层岩石速度、密度或波阻抗的变化。利用地震反射波形反演得到的波阻抗或速度变化可以直接与井中测量的岩石物理特性的变化联系起来。与振幅不同，声阻抗可直接与储层的岩性、孔隙度和饱和度等联系，伪速度测井曲线可直接与声波测井资料进行对比。如果在前期的岩石物理实验（或岩心分析）和理论研究中已经建立了速度与地层压力、温度、流体替换的定量关系，那么就可以用该方法进行流体压力、温度以及饱和度等的定量分析。因此，时移地震反演是联系地震差异与储层内孔隙流体随时间变化的桥梁或纽带。

速度分析法的另一个优点是对不同时期采集、不同方法处理的时移地震资料的解释同样适用。对这种资料采用以模型为基础的反演算法，通过设计一个时变的、动态的子波来消除不同数据体由资料采集和处理变化所引起的地震差异，因而使用反演所得到的波阻抗数据体可以增加流体动态定量分析的精度。

当采集的地震资料的质量较差时，也可以利用储集层层间平均速度（或波阻抗）的差值进行储层动态分析，尽管这样做损失了垂直分辨率，但却提高了资料的信噪比和空间分辨率。

图 5.1.18 为某油田浊积砂岩时移波阻抗差异数据体，从该图可以明显看出开采过程造成的油田波阻抗的变化，蓝色代表波阻抗增大，指示了泄油过程（水驱油），红色代表波阻抗减小，指示了由孔隙压力的减小造成的气体析出。

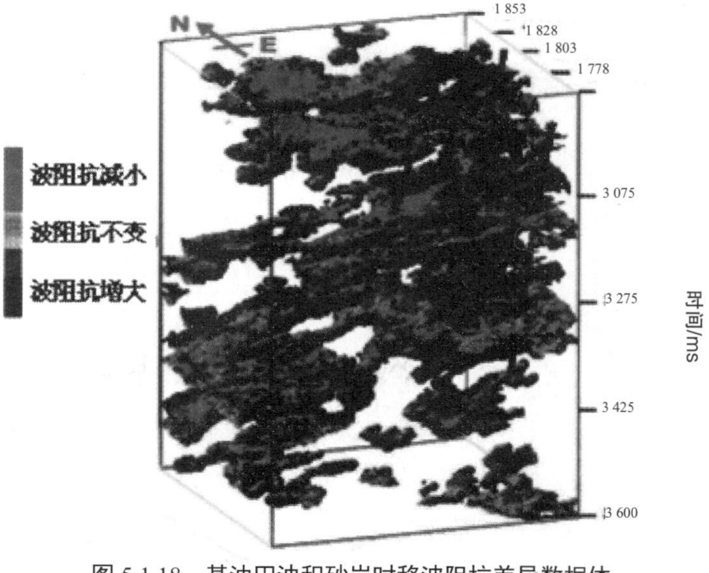

图 5.1.18　某油田浊积砂岩时移波阻抗差异数据体

四、频谱分析法

该方法是通过分析信号的功率谱变化来进行油藏动态描述的。具体做法是：首先在不同时期地震剖面的目的层位置以及目的层上下分别选择三个时窗，然后采用基于参数的现代谱分析技术在全区范围内沿目的层分别计算各时窗内信号的功率谱。如果基础地震测量与监测地震测量在采集、处理方面的一致性很好，则在储层之上的时窗内信号的功率谱应相同。这种频谱特征可作为检查资料重复性的一个控制因素。在包含目的层的中间时窗内，不同时期观测的地震频谱特征应当是变化的，尤其是在高频部分，变化应更明显。这样就可利用目的层时窗内频谱特征的变化来确定储层流体动态的变化和前缘位置的分布。在储层之下的时窗内，频谱也应当是有变化的，其可作为一个辅助监测标志。

第二节　地震属性分析法

在时移地震资料的解释中，有时单一地利用时差、振幅和波阻抗等还不足以刻画储层流体特性的变化情况。为了满足对时移地震资料解释的需要，通常从时移地震资料中提取更多的信息。地震属性分析的目的是试图从地震资料中提取隐藏在数据里的信息，使地震资料的利用率达到 100%。由于地震属性分析技术的出现，目前，地震信息的利用率已达到了 35%。因此，基于多种地震属性的时移地震资料的解释方法将是一种非常有前途的方法。时移地震属性与常规地震属性完全相同，所不同的只是属性的解释。时移地震有时间差这一重要参数，使得时移地震资料属性解释能更好地与油气藏动态变化的关系联系起来。因此，常规地震属性分析方法和属性优化方法完全可以借鉴到时移地震属性研究中来。

一、地震属性分类与提取

地震属性是从地震数据中提取的隐含信息，是反映地震数据的几何学、运动学、动力学或统计学特征的特殊测量值。有些属性对特定储层环境较敏感，有些属性擅长揭示不易探测到的地下异常，还有一些属性可作为直接烃类检测的标志。

目前，从地震数据的波形特征、振幅、频率、相位、能量、自相关、自回归、相对衰减、相对波阻抗等多个方面提取的地震属性已不下数十种。表 5.2.1 列出了几种常见的也是最基本的地震属性，并对其可能表示的地质意义进行了归纳。除此之外的大多数地震属性一般均是从这些基本属性派生出来的。

表 5.2.1　基本地震属性及其地质意义

基本地震属性	地质意义
振幅	岩性差异、地层连续、地层空间、孔隙率
频率	地层厚度、岩性差异、流体性质
层速度或波阻抗	岩性、孔隙率
反射强度	岩性差异、地层连续、地层空间、孔隙率、地层复合
相位	地层连续
极性	岩性差异、极性
波形	横向和纵向岩性差异、孔隙率、地层空间和形态
AVO	流体、岩性

按照属性提取或计算特点的不同，地震属性可分为瞬时属性、层间属性和平面（层位或切片）属性三类。其中，瞬时属性是基于地震道单一样点值计算的地震属性，如瞬时振幅、瞬时频率、瞬时相位和波阻抗剖面等均属于这一类。它的计算可以在整个地震道或地震道的某一个时窗内进行。

层间属性是基于地震道某一个时窗的多个样点值计算的地震属性。它将潜在的大量数据压缩为单一值，如主频、分维数、时域时窗能量和线性预测系数等。在具体计算时，其可进行单道时窗提取与多道时窗提取。当进行单道时窗提取时，其又有固定时窗与变化时窗两种方式。所谓固定时窗是指每道时窗的上、下界是一致的，而变化时窗则是指由所解释的地震同相轴确定时窗的上、下界。在进行多道时窗提取时，时窗的选择与单道时窗的选择是一样的，所不同的是参与参数计算的地震道数增加了。

平面属性是解释层位（层切片）或水平切片上的一定范围内计算的属性，如视倾角、倾向和走向等特征就属于这一属性。其可作为断层与裂隙的有效指示。

一般来说，时移地震资料可以采用与常规地震资料相同的属性提取和分类方法进行属性计算与分类。由于时移地震的目的只在于如何利用地震响应随时间的变化来揭示油气藏内部物性参数（孔隙度、渗透率、饱和度、压力、温度）的变化，以便确定流体波及范围和追踪流体前缘位置等。因此，尽管常规地震属性是多种多样的，但真正可用于时移地震资料解释的地震属性应该是那些能够较好地反映油气藏内流体变化的属性或属性组合。结合上面的分析与表 5.2.1 不难看出，能实现这一目的的属性只有瞬时属性与层间属性，更重要的是这些属性的差异。

对于不同的地区、不同的储层，其波形特征并非相同，因此，需根据当地的实际情况来选择采用哪些地震属性参数。例如，当目的层是薄层或薄互层时，剖面中反射地震波是整个层组的复合反射，很难分辨出各小薄层的反射，这时就只能通过道集内反射波的各种特征参数的横向变化情况和薄层的组合响应来表征油气藏。此外，由于时移地震资料的复杂性以及解释结果的非唯一性，揭示储层流体特性的变化通常需要综合考虑多种地震属性的变化才能取得良好的效果。因此，单纯地获得地震属性参数是不够的，还需要进行属性参数的优化、标定以及聚类分析等。只有这样才有可能最终实现监测油气藏流体动态的目的。

二、地震属性特征的优化

运用 K-L 变换和人工神经网络方法对地震属性特征进行主分量分析，运用线性和非线性优化方法，如蒙特卡洛法、模拟退火和遗传算法等对时移地震属性特征进行优化。限于篇幅，这里就不对这些方法一一详述了。

三、地震属性特征的标定

标定的目的是综合地震和测井资料建立岩石物理与地震参数之间的关系。选择与油藏特性相关性好的地震属性，剔除相关性不好的地震属性。

通过岩石物理实验和理论研究，选择那些物理意义上与油藏特性有合理关系的地震属性；根据油藏已知井旁的时移地震资料对时移地震属性特征进行优化分析，并从时移地震储层模拟和实际时移地震资料与油藏井旁地质资料的对比分析入手，研究时移地震属性特征与油藏特征的确定性或统计性关系，见图 5.2.1。其中，时移地震储层模拟是依据 Gassmann 理论和双相介质地震波动理论，采用“流体驱替”的方法来计算油藏模型的地震响应。最后根据已知井旁道的交汇分析，选出与油藏特征相关性较好的地震属性。

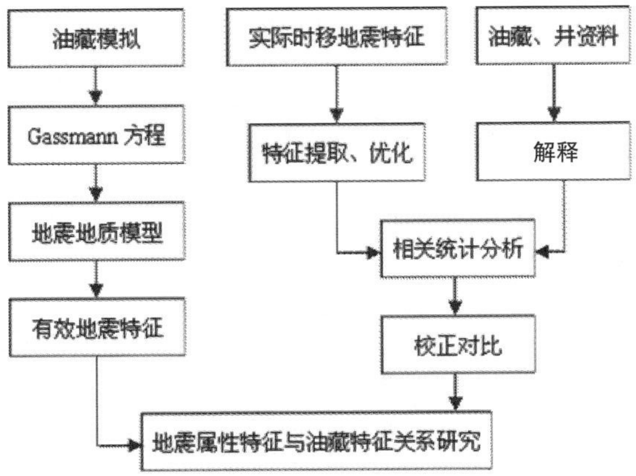

图 5.2.1　时移地震属性特征优化分析流程

四、地震属性特征的聚类分析

借助人工神经网络和地质统计学技术手段，寻找多种时移地震属性特征与油藏特性的依赖关系和依赖程度。确定多个时移地震属性特征（主要是指差值的属性特征、属性差值特征和属性特征）与油藏特征的确定性与统计性关系。据此，利用有效的地震属性或地震属性组对储层特征和储层流体性质及其变化进行监测。它包含两方面内容，一是储层参数（孔隙度和储层厚度）预测，一是储集层的分类。

第三节　动态储层描述法

由于地下储层中的流体和岩石物理性质在油田开发过程中是随时间不断变化的，因此对储层的描述也应该是动态的、随时间变化的。过去油藏描述的三个主要工具是储层模拟、储层描述和测井及试井资料分析。地震资料仅用于静态储层的描述，即为初始油藏模型的建立提供服务。现在，时移地震技术的运用，使得利用时移地震资料描述储层的动态变化成为可能。

动态储层描述是近年来出现且发展异常迅猛的一项综合技术。它是指利用岩石物理分析、储层描述、地震模拟和储层模拟等手段，综合地震监测、测井和开发史等资料建立时变的、合理的储层模型，对储层进行立体的、动态的描述。其目的是获得储层流体驱替和泄油路径的信息，识别剩余油位置，合理地管理油藏，为油田开发服务。动态储层描述的核心是建立一个共享的油藏模型，见图 5.3.1。时移地震资料解释以此模型为基础，借助断裂描述、储层描述、储层模拟、地震模拟和地震史拟合等关键技术，最终获得一个合理的油藏地质模型。

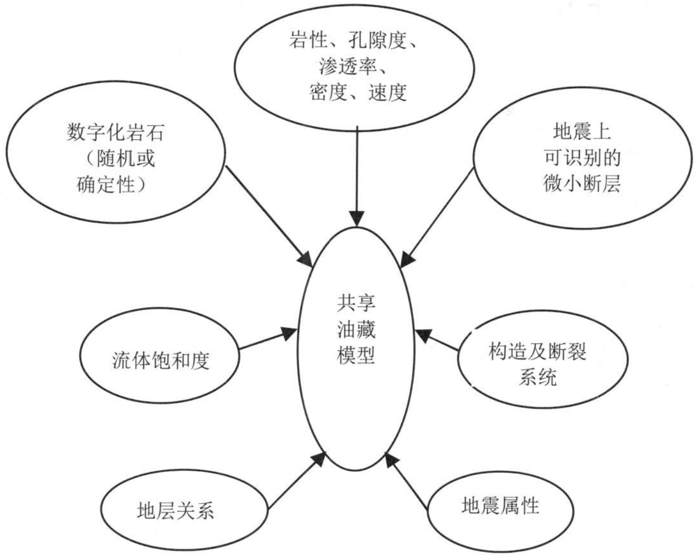

图 5.3.1　共享油藏地质模型

一、地震断裂描述技术

由于影响储层内流体流动和水动力隔挡的往往是一些小断层，因此，精确的时移地震资料解释需要一种能精确而迅速绘制主要断层和小断层的新工具。一般后期的监测地震测量资料的质量都比基础地震测量的资料要好，所以，利用层切片地震属性技术或地震属性相关技术，在监测地震资料上结合测井、岩心分析等资料解释小断层就显得十分必要。

二、储层描述

多年来，储层描述大多只在油藏开发的初期使用，而且所利用的资料也很有限，包括地震、测井和地层测试与油藏开采史等。这种静态的储层描述很难预测油气储层内随时间变化的动态性质。为了定量解释由反演获得的地震变化，还需要利用时移地震资料进行精细的储层描述。目的是通过时移地震资料与井和开发史资料，对共享油藏模型的储层性质，如孔隙度、渗透率、含油饱和度以及地层压力等的空间分布进行进一步的描述。简单的做法是，用常规的储层描述方法对监测地震资料进行描述，然后用获得的结果来补充或修正共享油藏模型。若要真正对油藏变化进行精细的储层描述，一般需要综合地震反演、地质统计学储层描述和储层模拟等方法，通过预测地震波阻抗或振幅的差值变化与观测的地震波阻抗或振幅的差值之间的误差最小以及预测开发史资料与观测开发史资料之间的误差最小，来不断地修改初始储层模型，直到最终得到一个满意而合理的储层模型为止。图 5.3.2 是哥伦比亚大学拉蒙特–多赫特地球观测所用于描述墨西哥湾南部 EI330 油田的动态储层流程图。

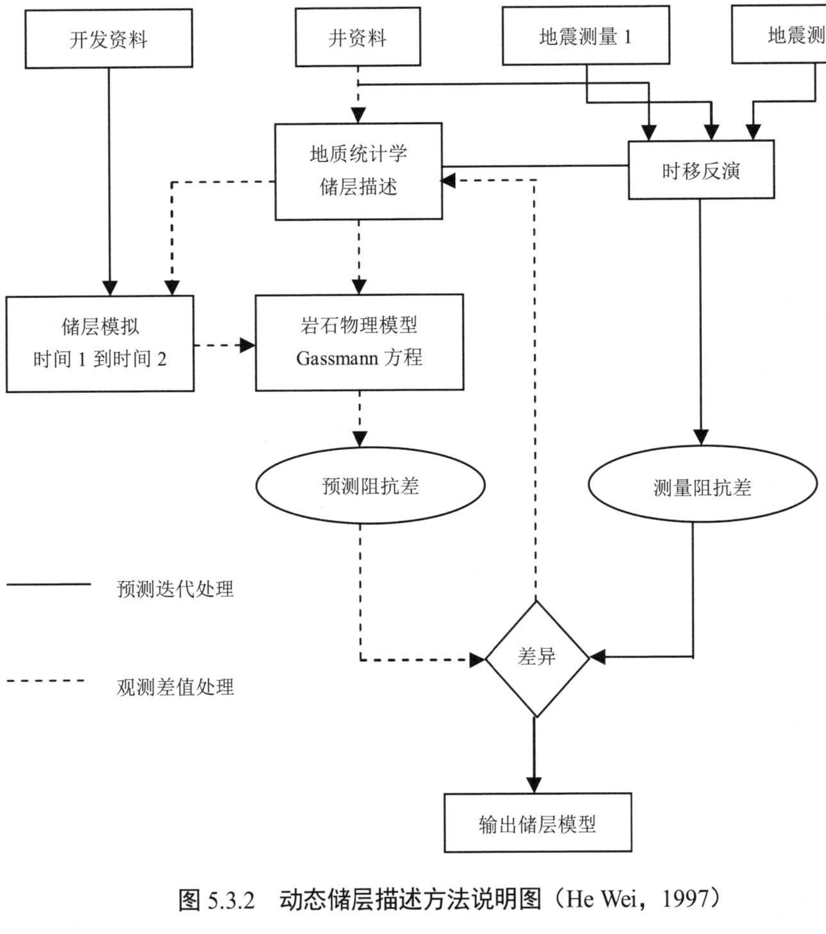

图 5.3.2　动态储层描述方法说明图（He Wei，1997）

三、地震储层模拟

地震储层模拟是连接储层流体信息与时移地震的一个重要纽带，它是将储层描述和储层模拟所获得的参数转化为地震参数并进行地震成像的过程。油藏参数与地震参数的转化和高效的正演模拟方法是这项技术的两个核心内容。储层参数与地震参数之间的转化方法在这里不做详细讨论。准确的储层正演模拟需要高效的全三维模拟技术，这需要在工作站或并行超级计算机上运行。在模拟计算过程中，全波场弹性解中必须包含纵波与横波，而且能合适地模拟地震波的衰减与发散，同时还要尽可能模拟地下介质的双相与各向异性特性。

时移地震储层模拟提供了一套将工程数据与地球物理数据联合在一起的方法。它将地震、测井和油藏开采数据与一定量化的储层模型联系起来进行储层动态研究。这种反复迭代的求解过程可以改进对储层动态的了解，有利于更好地设计井位，指导油藏管理的顺利进行。目前，地震正演模拟的网格可精确到 4 m，而储层模拟的精度大约在 100 m。

此外，地震储层模拟技术还可用于分析时移地震技术应用的可行性以及帮助确定时移地震测量的时机等。

第四节　地震差异波形分析法

前文所述的几种方法适用于均匀分布、有一定厚度的油层，而对陆相薄互层储层来说，找到一种适用的时移地震方法至关重要。针对薄层的特点，从理论上可以推导出波形差异的数学模型，结合时移地震正演模型分析，定义了两种不同的差异波形。将该理论分析与油田动态开发资料相结合，证实了利用差异波形可以直接定性解释油层速度的变化，提供了一种预测开发井间油层流体性质变化的新方法。

一、差异波形方法原理

1. 薄油层时移地震差异波形数学模型的建立

油层流体性质随着开发进程的改变，导致不同阶段的油藏地震响应存在差异，从而差异信息代表了油藏内的岩石物理性质变化，这是时移地震监测技术的基本原理。根据时移地震监测技术的数学意义，研究中将开发前地层的原始地震反射定义为基础地震，开发后采集的地震资料定义为监测地震，经过匹配处理后，监测地震减去基础地震得到的差定义为差异地震。

油层与围岩的接触界面有上、下两个岩性界面，因此，应建立一个薄油层的地质模型（图 5.4.1），模型中从上到下依次是介质 1、介质 2 和介质 3。介质 1 和介质 2 之间的界面是界面 1，介质 2 和介质 3 之间的界面是界面 2。介质 1 的声波阻抗为 I_1，介质 3 的声波阻抗为 I_3，介质 1 和介质 3 的岩石物理性质在开发前后不发生改变，介质 2 是油层，在开发前后的阻抗变化为

$$\Delta I = I_2^1 - I_2^0 \tag{5.4.1}$$

式中 I_2^0 和 I_2^1 分别是开发前后介质 2 的声波阻抗。

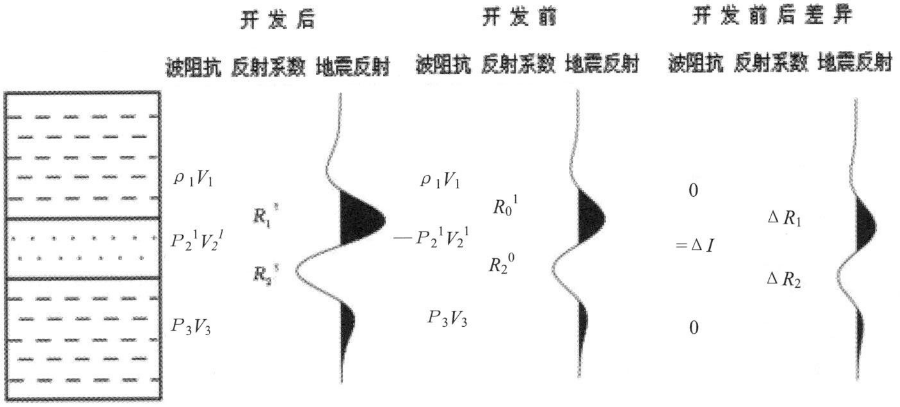

图 5.4.1　薄油层的时移地震反射

对于开发引起的油层时移地震响应，可以通过公式（5.4.2）描述。

$$S_{TL}(t) = (R_1^1 - R_1^0)\times W(t) + (R_2^1 - R_2^0)\times W(t-\tau) \tag{5.4.2}$$

式中 R_1^0 和 R_1^1 分别是开发前后界面 1 的反射系数， R_2^0 和 R_2^1 分别是开发前后界面 2 的反射系数，$W(t)$ 是地震子波，τ 是介质 2 的时间厚度。

假设介质 1 和介质 3 的岩石物理性质相同或相近，根据反射系数与波阻抗之间的相互关系，可以建立声波阻抗变化与时移地震反射之间的对应关系

$$S_{TL}(t) \approx \frac{2I_1}{I_1 + I_2^0}\times\left(1 - \frac{1}{1+\dfrac{\Delta I}{I_1 + I_2^0}}\right)\times\left[W(t) - W(t-\tau)\right] \tag{5.4.3}$$

得到

$$\Delta R = \frac{2I_1}{I_1 + I_2^0} \times \left(1 - \frac{1}{1 + \frac{\Delta I}{I_1 + I_2^0}}\right) \tag{5.4.4}$$

ΔR 是薄油层上（或下）界面的反射系数变化，$[W(t) - W(t - \tau)]$是地震子波的微分形式。薄油层时移地震的响应实际上是子波的微分形式。

对于一个给定的薄油层，即地层的时间厚度 τ 是一个常数，它的时移地震响应只与油层本身的声波阻抗变化有关。

2. 薄油层差异波形特征分析

$S_{TL}(t)$ 与 ΔI 之间存在函数关系，分析该函数的性质，得到 $S_{TL}(t)$ 与 ΔI 之间的关系。

理论上反射系数的变化范围为 $-2 < \Delta R < 2$，从而求得理论上的声波阻抗变化范围 $-\frac{(I_1 + I_2^0)^2}{2I_1 + I_2^0} < \Delta I < +\infty$。但是，实际油层的声波阻抗变化范围应该有一个上限，不可能无限大，并且也存在一个下限，不可能小于 $-I_2^0$，因此选择 $\Delta I \in (-I_2^0, I_2^0)$ 研究 $S_{TL}(t)$ 与 ΔI 的函数关系。

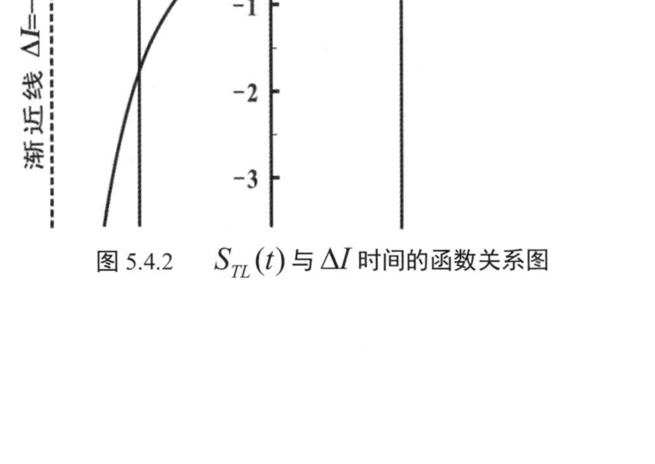

图 5.4.2　$S_{TL}(t)$ 与 ΔI 时间的函数关系图

根据公式（5.4.3）、（5.4.4），绘制 $S_{TL}(t)$ 与 ΔI 间的函数关系图（图 5.4.2），从函数关系图中可以看出：（1）$S_{TL}(t)$ 是增函数；（2）$S_{TL}(t)$ 过零点，当 $\Delta I \in (0, I_2^0)$ 时，$S_{TL}(t) > 0$；当 $\Delta I \in (-I_2^0, 0)$ 时，$S_{TL}(t) < 0$；通过函数性质及图 5.4.2 可以知道，开发前后油层阻抗变化（$|\Delta I|$）越大，时移地震的差异振幅幅度（$|S_{TL}(t)|$）越大。

二、薄油层时移地震正演模拟分析

时移地震的正演模拟是时移地震油藏监测可行性研究的主要手段，它将油藏数值模拟通过岩石物理参数属性转换和地震正演模拟联系起来，具有重要的理论意义和实用价值。下面按照油层与围岩的速度大小以及油层的速度变化，将薄油层的速度及其变化分为四种模式，如表 5.4.1。

表 5.4.1　薄油层速度及其变化类型

薄油层速度及变化类型	油层与围岩的速度大小	油层的速度变化
第一种模型	$V_{油层} > V_{围岩}$	增速
第二种模型	$V_{油层} > V_{围岩}$	减速
第三种模型	$V_{油层} < V_{围岩}$	增速
第四种模型	$V_{油层} < V_{围岩}$	减速

根据以上四种模型，设计四组速度组合进行时移地震的差异波形模拟，采用 40 Hz 的零相位 Rick 地震子波进行时移地震模拟，采样间隔为 1 ms。将模拟结果按照油层速度的变化分为增速和减速类进行对比，这样可以直观地看到油层速度变化相同时对差异波形的影响，模拟结果见图 5.4.3、图 5.4.4。

通过模型研究，发现薄油层差异波形的形态与泥岩和油层的速度大小没有关系，就是说，差异波形的形态只与油层的速度变化有关。在图 5.4.3 中，尽管泥岩与油层的速度大小关系不同，但是由于油层的速度都是增加，所以得到的差异波形特征相同。油层增速产生波谷在上、波峰在下的差异波形。同样，在图 5.4.4 中可以得出类似的结论，油层的减速也导致相同特征的差异波形。油层减速时，产生波峰在上、波谷在下的差异波形。

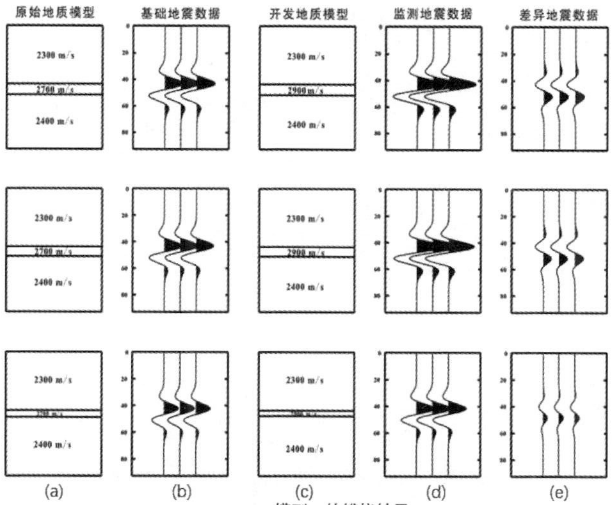

a 模型一的模拟结果

(a)原始地质模型 (b)基础地震数据 (c)开发地质模型 (d)监测地震数据 (e)差异地震数据

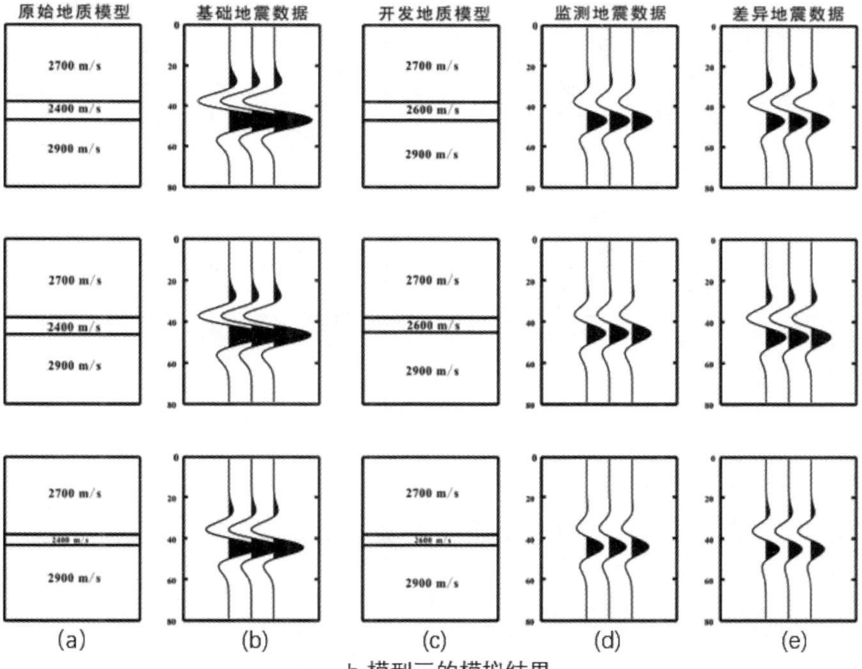

b 模型三的模拟结果

(a)原始地质模型 (b)基础地震数据 (c)开发地质模型 (d)监测地震数据 (e)差异地震数据

图 5.4.3　油层增速的正演模拟结果

三、薄油层时移地震差异波形分类

薄油层作为油层的基本组成单元，它的反射特征及识别方法一直是地震处理中的研究对象。本节将差异波形定义为时移地震剖面上的波形，即原始地震数据减去监测地震数据得到的差异数据体的波形。差异波形整体上可以分为两种类型：单波和复波。

1. 单层—单波

薄油层或薄的薄互层对应的差异波形属于单波——简单差异波形。

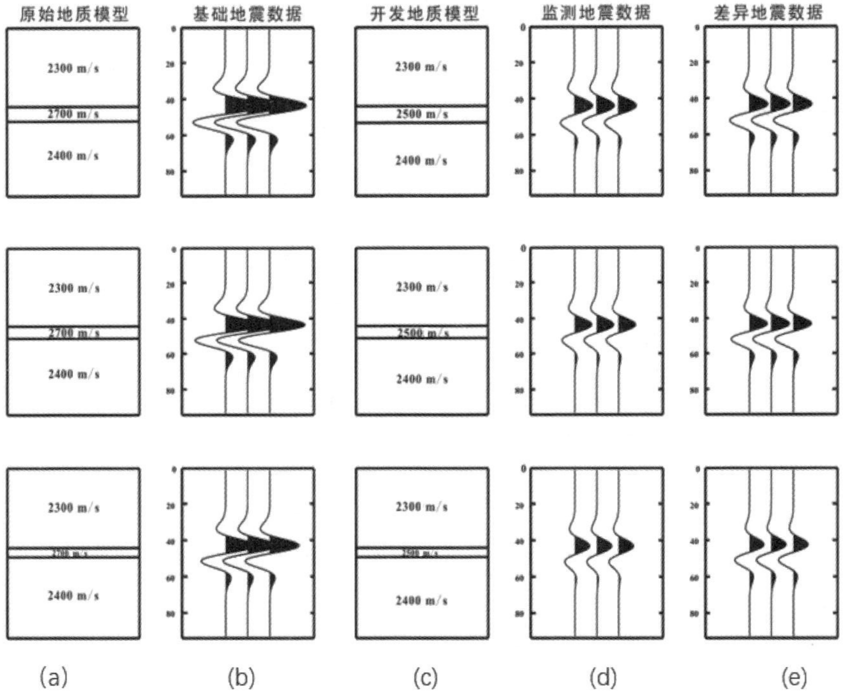

a 模型二的模拟结果

(a)原始地质模型 (b)基础地震数据 (c)开发地质模型 (d)监测地震数据 (e)差异地震数据

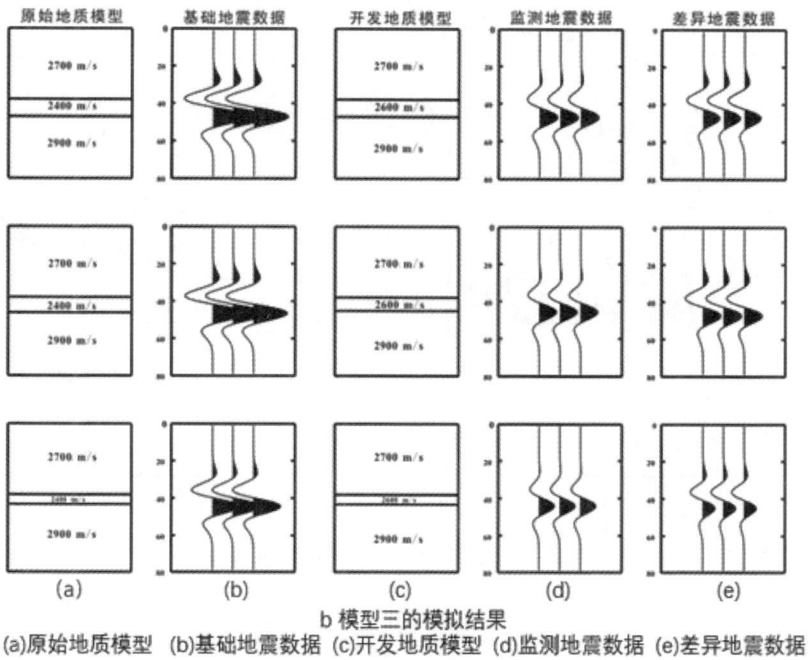

图 5.4.4　油层减速的正演模拟结果

由上述正演模拟可知，差异波形只与油层声阻抗变化有关，与围岩阻抗的大小无关。差异波形与子波的形式有联系（图 5.4.5）。油层声波阻抗增加，差异波形与地震子波的 180° 相位微分波形一致；油层声波阻抗减小，差异波形与地震子波的微分波形一致。可以定义波谷在上、波峰在下的波形为正波形[图 5.4.6（a）]，标志着薄油层的声波阻抗增大。而油层速度减小导致的差异波形为负波形[图 5.4.6（b）]，标志着薄油层的声波阻抗减小。

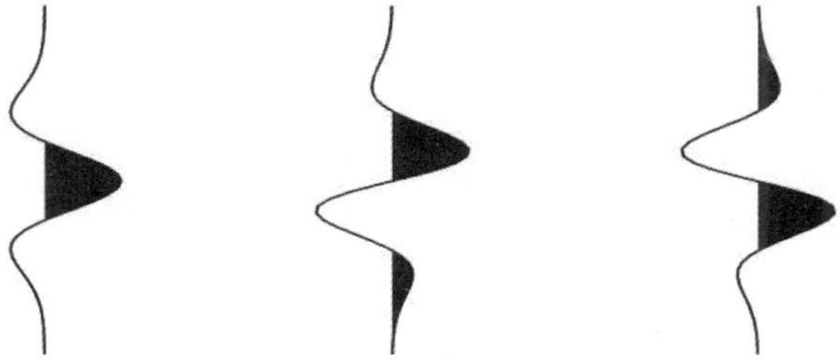

（a）地震子波　　（b）子波微分　　（c）180° 相位子波微分

图 5.4.5　薄油层的时移地震波形

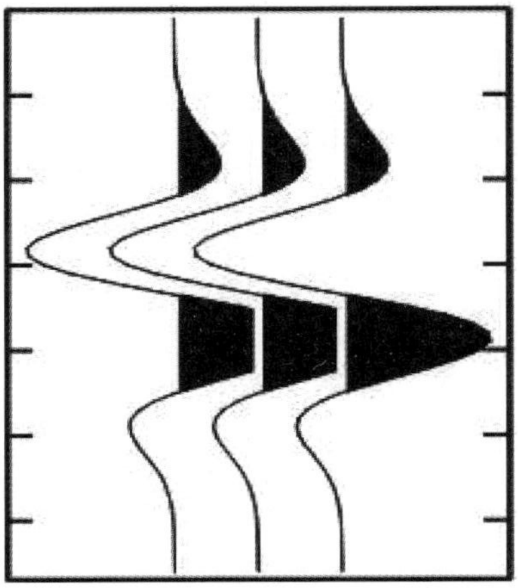

（a）正波形

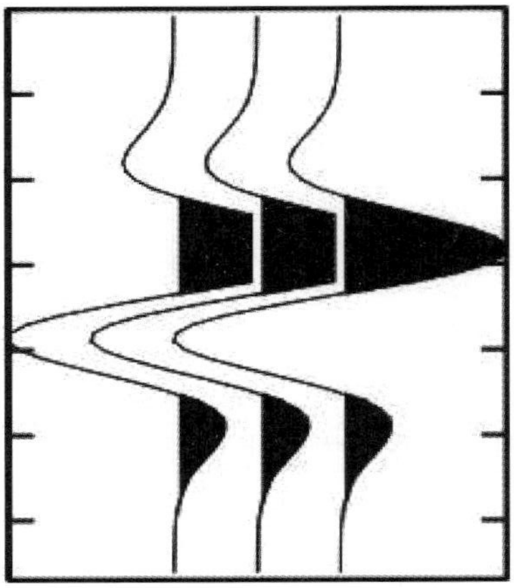

（b）负波形

图 5.4.6　差异波形的两种成因类型

2. **薄互层—复波**

由于厚的薄互层的地震差异响应是复波——多峰复合波，波形的组合比较复杂，对应的速度变化组合也不是确定的，因此，在对差异剖面中的多峰复合波进行解释时应该谨慎。只有依据地质、测井资料建立模型，对各层的速度变化进行正演模拟，才能以此来解释复杂的多峰复合波。

通过模型研究认识到，顶部油层的差异响应可以掩盖下部油层的差异响应，将这种效应定义为屏蔽效应。以五层的砂泥岩互层来模拟厚的砂泥岩薄互层是一种最基本的薄互层，按照油层的速度变化，同样可以分为增速和减速两种情况（图 5.4.7、图 5.4.8）。

（a）顶部增速、底部减速楔形模型

（b）顶部增速、底部减速楔形差异响应

图 5.4.7　油层速度增加的基本薄互层

对于薄互层油层速度增加的情况而言（图 5.4.7），图 5.4.7（a）是顶部砂岩增速、底部砂岩减速模型，图 5.4.7（b）是 a 模型的差异地震响应，分析楔形模型的波形响应。当中间的泥岩夹层厚度远远大于调谐厚度时，顶部砂岩增速对应完整的正波形，而底部砂岩减速对应完整的负波形，并且顶部与底部砂岩的差异地震响应完全分开。这种情况下，通过差异波形可以判断顶、底部油层的速度变化；当中间的夹层厚度小于调谐厚度时，顶部砂岩增速对应的正波形与底部砂岩减速对应的负波形的旁瓣波谷互相叠合形成多峰复合波。这种情况下，我们通过差异波形正演模拟可以判断顶、底部油层的速度变化。当顶部砂岩增速对应的正波形与底部砂岩减速对应的负波形完全叠合形成单峰复合波时，顶部砂岩的速度变化完全屏蔽底部砂岩的速度变化，通过差异波形只能判断顶部砂岩的速度变化，而不能识别出底部砂岩速度的减小。

对于薄互层油层速度减小的情况而言（图 5.4.8），其变化规律的特征与油层速度增加的分析方法一样，也分三种情况。泥岩厚度大于调谐厚度时，产生完全的负波形；泥岩厚度小于调谐厚度时，顶部砂岩减速对应的负波形与底部砂岩增速对应的正波形的旁瓣波谷互相叠合形成多峰复合波；夹层厚度越来越小时，顶部砂岩减速对应的负波形与底部砂岩增速对应的正波形完全叠合形成单峰复合波，且只能发现顶部油层速度减小。

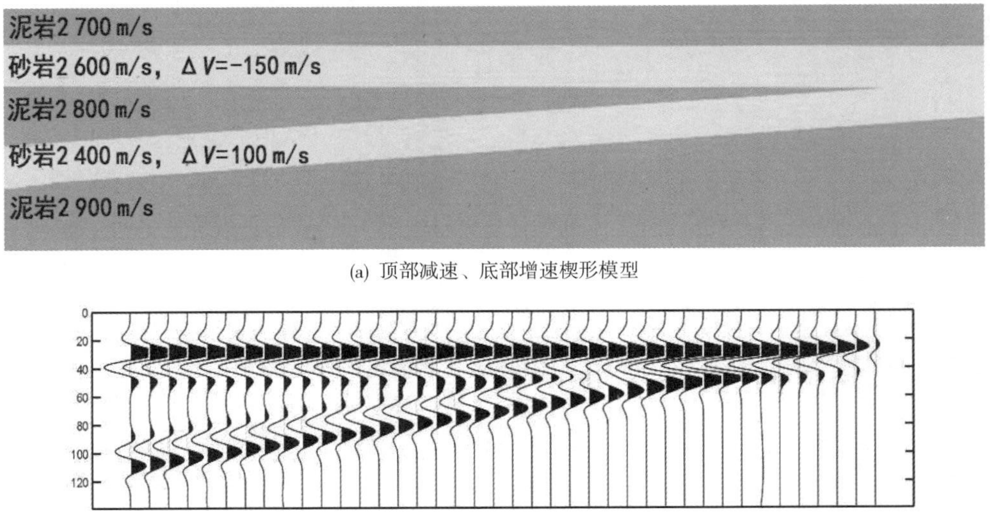

(a) 顶部减速、底部增速楔形模型

(b) 顶部减速、底部增速楔形模型差异响应

图 5.4.8　油层速度增加的基本薄互层

四、差异波形预测技术应用

在时移地震剖面中，差异波形的特征较容易识别，并且通过差异波形的特征能够直接判断目的层的速度变化。因此在实际研究中，结合生产数据，利用差异波形可以直接定性解释油层速度的变化，提供一种新的认识油层流体性质变化的方法。

1. 负波形应用实例

B8 井的 1~3 小层的差异波形是负波形（图 5.4.9），以此来判断在开发过程中油层是否发生减速。经过核实该井的开发动态资料，显示 B8 井气油比变化很大，含水变化大，而压力变化属于相对较小的区域。根据实验得出结论：在脱气严重的区域，不论油层的含水饱和度如何，油层都表现出减速，与差异波形定性预测结果一致。

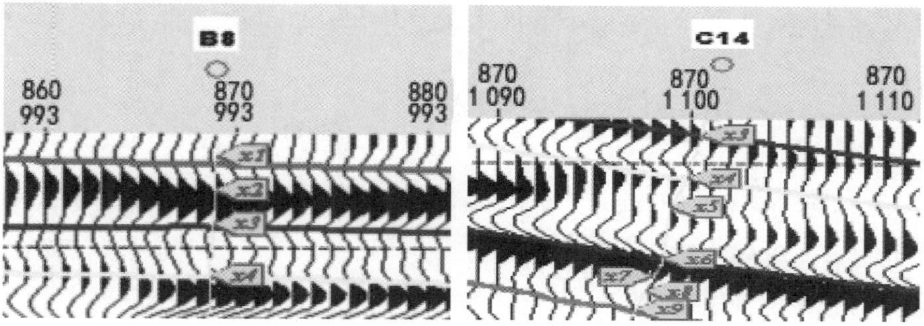

图 5.4.9　B8（左）、C14（右）井的时移地震剖面

2. **正波形应用实例**

C14 井的 6~8 小层的差异波形是正波形（图 5.4.9），以此来判断在开发过程中油层是否发生增速。经过核实该井的开发动态资料，显示 C14 井气油比变化很小，而 C14 井的压力下降、含水变化属于相对较大区域。根据实验得出结论：含水变化大及压力下降大都将导致油层增速，与差异波形定性预测结果一致。

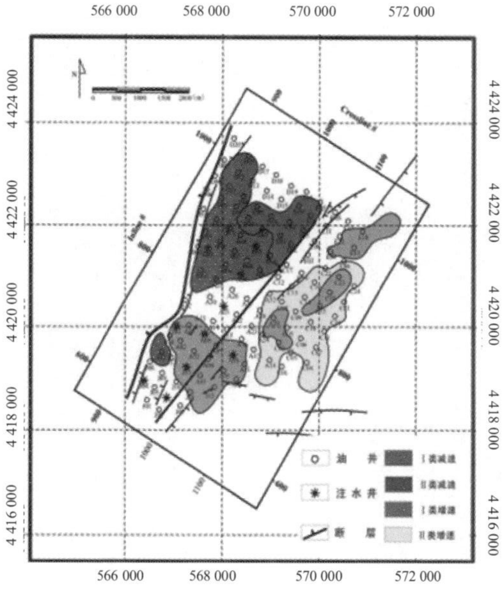

图 5.4.10　1~3 小层速度变化预测

3. **油组应用实例**

根据单井差异分析和时移地震波形波组特征平面分析，对 I 油组的 1~3 小层油层速度变化做了预测（图 5.4.10）。结合岩石物理实验结论、生产动态资料和数模资料验证了预测结果的正确性，说明运用波形差异预测研究区油藏速度变化取得了良好效果。

从图中可以看到，I 油组的 1~3 小层的增速主要出现在 C 平台、A10 井及 A08 井区；速度降低主要出现在 B、D 平台井及 J 平台的西南部。经过核实该井的开发动态资料，I 油组 1~3 小层增速油层由含水变化和压力下降引起速度变化，I 油组 1~3 小层减速由开发过程总含气饱和度增大导致油层速度减小。

五、讨论

本节从时移地震波形差异分析出发，通过对薄油层的差异波形数学推导、正演模拟分析，给出了两类不同的差异波形特征。将差异波形特征分析方法运用到实际资料中，得到以下认识：

（1）从差异波形特征的数学模型中可以看出，薄油层的差异波形特征与油层声波阻抗变化之间存在明确的对应关系，油层声波阻抗增大（$\Delta I > 0$）决定了差异波形是正波形，油层声波阻抗减小（$\Delta I < 0$）决定了差异波形是负波形。

（2）通过正演模拟分析发现，薄油层差异波形的形态与围岩和砂岩的速度大小没有关系，只与砂岩油层的速度变化有关。薄油层的速度变化导致的差异波形具有规律性，增速产生正波形，而减速产生负波形。

（3）对于单波的波形差异分析，可以直接从差异波形类型判断油层速度的变化；而复波的波形差异分析，虽然顶部油藏对下部油藏有屏蔽效应，但是仍然可以通过波形差异得到顶部油藏的速度变化。

参考文献

[1]ANDERSON R N, BOULANGER A, HE W, et al. 4–D seismic: The fourth dimension in reservoir management, Part1: What is 4–D and how does it improve recovery efficiency?[J]. World Oil, 1997, 218（3）: 43–49.

[2]BATZLE M L, WANG Z . Seismic properties of pore fluids[J]. Geophysics, 1992（57）: 1385–1407.

[3]BIONDI B, MAVKO G, MUKERJI T, et al. Reservoir monitoring: A multi–disciplinary feasibility study[J]. The Leading Edge, 1998, 17（10）: 1404–1414.

[4]BIOT M A. Theory of propagation elastic waves in a fluid–saturated porous solid. I. Low frequency range[J]. Acoust. Soc. Am, 1956, 28: 168–178.

[5] BIOT M A. Theory of propagation elastic waves in a fluid–saturated porous solid. II. High frequency range[J]. Acoust. Soc. Am, 1956, 28: 179–191.

[6]BORN W T. The attenuation constant earth materials[J]. Geophysics, 1941, 6（2）: 132–148.

[7]DOMENICO S N. Effect of brine–gas mixture on velocity in an unconsolidated sand reservoir[J]. Geophysics, 1976, 41（5）: 882–894.

[8]DVORKIN J, NUR A. Elasticity of high–porosity sandstones: theory for two North Sea data sets[J].Geophysics, 1996, 61（5）: 1363–1370.

[9]GEERSTMA J, SMIT D C. Some aspects of elastic wave propagation in fluid saturation porous solids[J]. Geophysics, 1961, 26: 169–181.

[10]GREAVES R J, FULP T J, HEAD P L. Three–dimensional seismic monitoring of an enhanced oil recovery project[J]. SEG Technical Program Expanded Abstracts, 1983: 476–478.

[11]GREGORY A R. Fluid saturation effects on dynamic elastic properties of sedimentary rock[J]. Geophysics, 1976, 41（5）: 895–921.

[12] HE W, ANDERSON R N, BOULANGER A. 4–D seismic: The fourth dimension in reservoir management, Part4: inversion of 4–D seismic changes to find bypassed pay[J]. World Oil, 1997, 218（7）: 109–115.

[13]WYLLIE M R J, GREGORY A R , GARDNER G H F . An experimental investigation

of factors affecting elastic wave velocities in porous media [J]. Geophysics，1958，23（3）：459–493.

[14]HUANG X, MEISTER L, WORKMAN R. Improving production history matching using time–lapse seismic data[J]. The Leading Edge, 1998，17（10）：1430–1433.

[15]JENKINS S D, BEE M F. Time–lapse monitoring of the Duri steamflood: A pilot and case study[J]. The Leading Edge, 1997，16（9）：1267–1273.

[16]JOHNSTON D H, MCKENNY R S, VERBEEK J, et al. Time–lapse seismic analysis of Fulmar Field[J]. The Leading Edge, 1998，17（10）：1420–1428.

[17]KING G A, DUNLOP K N B, GRAEBNER R J.Surface seismic monitoring of an active water flood[J]. SEG Technical Program Expanded Abstracts, 1999，7（1）：177–179.

[18]KORRINGA J，BROWN R J S，THOMPSON D D，et al. Self–consistent imbedding and the ellipsolidal model for porous rock[J]. Journal of Geophysical Research Atmospheres, 1979，84（10）：5591–5598.

[19]KUSTER G T, TOKSÖZ N M.Velocity and attenuation of seismic waves in two–phase media：I. theoretical formulations[J]. Geophysics, 1974，39（5）：587–606.

[20]LUMLEY D E, BEHRENS R A , WANG Z J. Assessing the technical risk of a 4–D seismic project[J]. The Leading Edge, 1997，16（9）：1287–1292.

[21]MAVKO G, JIZBA D.Estimating grain–scale fluid effects on velocity dispersion in rocks[J]. Geophysics, 1991，56（12）：1940–1949.

[22]MCDONAL F J, ANGONA F A, MILLS R L, et al. Attenuation of shear and compressional waves in pierre shale [J]. Geophysics，2006，6（4）：404–407.

[23]MURPHY W, REISCHER A, HSU K. Modulus decomposition of compressional and shear velocities in sand bodies[J]. Geophysics，1993，58（2）：227–239.

[24]NUR A. Four dimensional seismology and (ture) direct detection of hydrocarbons: The petrophysical basis[J]. The Leading Edge, 1989，8（9）：30–36.

[25]NUR A. Critical porosity and the seismic velocities in rocks[J]. Eos Transactions American Geophysical Union, 1992，73（1）：43–66.

[26]Nur A，MAVKO G，DVORKIN J. Critical porosity: A key to relating physical properties to porosity in rocks[J]. The Leading Edge, 1998，14（3）：878–881.

[27]PHILLIPS D E, HAN D H, ZOBACK M D. Empirical relationships among seismic

velocity, effective pressure, porosity, and clay content in sandstone[J]. Geophysics, 1989，54（1）：82–89.

[28]PICKETT G R. The use of acoustic logs in the evaluation of sandstone reservoirs[J]. Geophysics, 1960，25（1）：250–274.

[29]PULLIN N, MATTHEWS L, HIRSCHE K. Techniques applied to obtain very high resolution 3–D seismic imaging at an Athabasca tar sands thermal pilot[J]. The Leading Edge, 1987，5（1）：10–15.

[30]THEILEN F. Anelastic properties of sediments[J]. SEG Technical Program Expanded Abstracts，1982，1（1）：145–146.

[31]WANG Z J. Feasibility of time–lapse seismic reservoir monitoring: The physical basis [J]. The Leading Edge, 1997，16（9）：1327–1329.

[32]WANG Z J. Velocities in hydrocarbons and hydrocarbon–saturated rocks and sands[A]. SEG Technical Program Expanded Abstracts，1987，6（1）：374–379.

[33]WANG Z J, BATZLE M，NUR A. Effect of different pore fluids on velocities in rocks[A]. SEG Technical Program Expanded Abstracts，1999，6（1）：868–871.

[34]WEATHERS L R, POGGIAGLIOLMI E. Wavelet control allows differencing of 3–D from 2–D[J]. The Leading Edge，1998，17（10）：1448–1449.

[35]WINKLER K W, LIU H L, JOHNSON D L. Permeability and borehole Stoneley waves: comparison between experiment and theory[J]. Geophysics, 1989，54（1）：66–75.

[36]WINKLER K W. Seismic attenuation: Effects of pore fluids and frictional–sliding[J]. Geophysics, 1982，47（1）：1–15.

[37]WYLLIE M R J, GREGORY A R, GARDNER L W. Elastic wave velocities in heterogeneous and porous media[J]. Geophysics, 1956，21（1）：41–70.

[38]WYLLIE M R J, GARDNER G H F, GREGORY A R. Studies of elastic wave attenuation in porous media[J]. Geophysics，1962，27（5）：569–589.

[39]云美厚，丁伟，王新红. 陆相薄互层油藏思维地震监测存在的问题与建议[J]. 石油地球物理勘探，2005，40（4）：444–450.

[40]巴斯宁耶夫. 地下流体力学[M]. 张永一，赵碧华，译. 北京：石油工业出版社，1992：36–47，265–276.

[41]布尔贝，库索，甄斯纳. 孔隙介质声学[M]. 许云，译. 北京：石油工业出版社，1994.

[42]陈小宏. 四维地震数据归一化方法及实例处理[J]. 石油学报，1999，20（6）：22–26.
[43]方凌云，万新德. 砂岩油藏注水开发动态分析[M]. 北京：石油工业出版社，1998：112–115.
[44]甘利灯，姚逢昌，邹才能，等. 水驱四维地震技术——叠后互均化处理[J]. 勘探地球物理进展，2003，26（1）：54–60.
[45]格劳尔. 地震岩性学[M]. 谢剑鸣，译. 北京：石油工业出版社，1987.
[46]黄绪德. 油气层的速度问题[J]. 石油物探，1997，36（4）：1–15.
[47]胡英，刘宇，升利灯，等. 水驱四维地震技术—叠前互均化处理[J]. 勘探地球物理进展，2003，26（1）：49–53.
[48]蔺景龙，吉寿松，云美厚. 油田开发应用地球物理[M]. 北京：石油工业出版社，1996.
[49]姜继水，宋吉水. 提高石油采收率技术[M]. 北京：石油工业出版社，1999：66–80.
[50]林蓉辉. 老油田采收率的地震监测[J]. 石油地球物理勘探，1994，29（2）：252–257.
[51]李庆忠. 走向精确勘探的道路——高分辨率地震勘探系统工程剖析[M]. 北京：石油工业出版社，1994.
[52]钱绍新. 油气层速度计算方法研究[J]. 石油地球物理勘探，1983（1）：67–73.
[53]王开燕，云美厚，张晓梅. 稠油热采时移地震监测研究与应用[J]. 地球物理学进展，2008，23（1）：157–161.
[54]王新红，李梦庚，李增印，等. 稠油岩心纵波速度变化规律的实验[J]. 石油地球物理勘探，1994，29（5）：642–649.
[55]王新红，许振中，曾德钊，等. 稠油热采的地震监测试验[J]. 石油地球物理勘探，1992，27（2）：294–302.
[56]扬文采. 岩石的粘弹性谐振 Q 模型[J]. 地球物理学报，2008，15（3）：221–225.
[57]易维启，李明，云美厚，等. 时移地震方法概论[M]. 北京：石油工业出版社，2002.
[58]云美厚. 油田注水开采地震监测理论研究[J]. 石油物探，1997，36（3）：46–55.
[59]云美厚，管志宁. 储层条件下砂岩纵波和横波速度的理论计算[J]. 石油物探，2002，41（3）：289–298.

[60]云美厚，易维启. 孔隙流体地震特性的计算[J]. 石油物探，2001，40（2）：13–20.
[61]云美厚，易维启，陈卫军，等. 薄互层油藏注水地震监测理论研究[J]. 石油地球物理勘探，1999，34（6）：723–732.
[62]云美厚，张国才，付雷，等. 重复性噪声对实施四维地震监测的影响[J]. 勘探地球物理进展，2003，26（1）：13–18.
[63]于世焕，赵殿栋，张振宇，等. C20 块蒸汽驱试验区的地震监测方法[J]. 石油物探，2000，39（1）：1–9.
[64]张敬华，杨双虎，王庆林. 火烧油层采油[M]. 北京：石油工业出版社，2000：11–24.
[65]赵伟. 中国海上时移地震技术应用的可行性研究[J]. 勘探地球物理进展，2003，26（1）：30–34.
[66]庄东海，肖春燕，许云，等. 四维地震资料处理及其关键[J]. 地球物理学进展，1999，14（2）：33–42.